계약/클레임/리스크 관리

Contract / Claim / Risk Management

건설관리학 총서 1

계약/
클레임/
리스크 관리

저자_
김옥규, 박형근
장경순, 조영준
이민재, 임종권
안상목

KICEM
(사)한국건설관리학회

씨아이알

발·간·사

'과골삼천 (踝骨三穿)'

  다산 정약용 선생께서 저술에만 힘쓰다 보니, 방바닥에 닿은 복사뼈에 세 번이나 구멍이 뚫렸다는 말입니다. 이것은 마음을 확고하게 다잡고 "부지런하고, 부지런하고 부지런하라."라는 말로 풀이되는데, 다산 정약용 선생은 그의 애제자인 황상에게 이것을 '글'로 써주었습니다. 그것이 바로 '삼근계(三勤戒)'입니다. 이 한마디의 '글'은 황상 인생의 모토가 되어 그의 삶을 변화시켰습니다. 위 이야기처럼 본 건설관리학 총서가 대학생들의 삶을 변화시키는 '글'이 되기를 진심으로 바랍니다.

  2019년 '한국건설관리학회'가 창립 20주년을 맞습니다. 그러나 20년의 역사에도 불구하고 아직 건설관리학의 전반을 망라하는 건설관리학 총서가 없다는 것은 그동안 큰 아쉬움이었습니다. 몇몇 번역서가 있지만 우리나라의 현실을 충분히 반영하지 못한 것이 안타까웠습니다. 이에 우리 집필진은 글로벌 표준을 근간으로 하고, 우리나라의 현실을 반영한 건설관리학 총서를 집필하였습니다. 우리는 PMI(Project Management Institute)의 PMBOK(Project Management Body of Knowledge)을 참조하여 총서의 구성을 설정하고, 건설관리 프로세스의 흐름을 중심으로 내용을 기술하였습니다. 이와 함께 우리나라 현실을 반영하고, 현업에서 두루 활용되고 있는 실무적인 내용을 추가하여 부족한 부분을 보완하였습니다.

  본 총서는 다음과 같이 4권으로 구성되어 있습니다. 제1권은 계약 관리, 클레임 관리, 리스크 관리, 제2권은 설계 관리, 정보 관리, 가치공학 및 LCC, 제3권은 공정 관리, 생산성 관리, 사업비 관리, 경제성 분석 그리고 제4권은 품질 관리, 안전 관리, 환경 관리입니다. 위 네 권의 책은 건설의 계획, 설계, 시공 그리고 운영 및 유지 관리에 이르는 건설사업 전반의 프로세스를 아우릅니다.

  본 총서는 여러 저자들의 재능기부로 완성되었습니다. 모든 저자들이 건설관리학 총서를 발간한다는 역사적인 취지에 공감하고 기꺼이 집필에 참여해주셨습니다. 적절한 보상도 없이 많은 시간과 노력을 기울여주신 저자들께 한국건설관리학회를 대신하여 심심한 감사의 말씀을 드립니다.

본 총서는 대학생 교육을 위한 교재로 집필되었습니다. 본래 한 권의 책으로 발간하려 하였으나, 저술되어야 하는 분야가 광범위하고, 각 분야가 전문적으로 독립되어 있어서 한 권으로 발간하는 것이 불가능하였습니다. 또한 책 내용을 수정, 보완하는 데 대용량의 한 권의 책은 민첩성이 떨어져 효과적인 교재 관리가 어렵다고 판단하였습니다. 이런 숙고의 과정을 통하여 네 권으로 구성된 총서가 발간되었습니다.

본 총서의 집필은 온정권 무영CM 대표, 장갑수 가람건축 대표 그리고 김형준 목양그룹 대표의 후원으로 시작되었습니다. 건설관리학 분야 후학 양성의 필요성을 절감하고 건설관리학의 발전과 확산에 일조하고자, 건설관리학 총서 저술팀이 확정되지도 않은 상태에서도 오직 학회만을 믿고 기꺼이 후원해주셨습니다. 세 분께 한국건설관리학회의 이름으로 큰 감사의 말씀을 드립니다.

현재 건설관리학 총서는 초판 수준으로 아직 부족한 부분이 많습니다. 우리 저자들은 지속적으로 책의 내용을 수정, 보완해나갈 것입니다. 이 책으로 공부하는 대학생들이 건설관리학 분야에 흥미와 관심을 갖게 되기를 기대해봅니다.

한국건설관리학회 9대 회장 **전재열**
한국건설관리학회 10대 회장 **김용수**
교재개발공동위원장 **김옥규, 김우영**
교재개발총괄간사 **강상혁**

conte**nt**s

part I

계약 관리 김옥규·박형근·장경순

part II 클레임 관리　조영준

part III 리스크 관리 이민재·임종권·안상목

part **I**

계약 관리

김옥규 · 박형근 · 장경순

chapter 01

계약 관리 개요

계약 관리의 구체적 업무와 내용은 발주자와 건설사업 관리자 간에 체결된 계약의 조건과 발주자가 확정하여 제시한 건설사업 관리 업무 지침에 명시된다. 우리나라의 경우 국토교통부에서 표준 건설 사업 관리 업무지침을 제시하고 있으나, 사업 관리 전반의 실무적인 부분을 포함하고 있지 않다. 미국의 경우 프로젝트 관리 협회(Project Management Institute)에서 건설사업 관리 전반을 관장하는 PMBOK(Project Management Body of Knowledge)을 출간하고, 정기적으로 개편하고 있다.

건설사업 관리에 대한 PMBOK에서의 업무 범위는 본 서의 전 장에서 언급한 것과 같다. 이 PMBOK에서는 우리나라에서 중요하게 생각하고 있는, 계약 관리와 클레임 관리에 대한 분야가 별도로 분류되어 있지 않다.

그러나 국내에서 진행되고 있는 미국형 건설사업 관리 프로젝트－평택 미군기지 이전사업－에서 PMBOK에 기반을 둔 건설사업 관리가 실무적으로 적용이 되고 있으며, 여기에서는 국내의 현실을 반영하여 계약 관리와 클레임 관리가 별도로 분리되어 사업 관리가 진행되고 있다.

국내에서는 계약 관리를 포함하여, 국가 건설사업 관리 기준을 실무에 적용하기보다는 각 건설사업 관리 회사가 각 사별로 표준 건설 사업 관리 업무 지침을 작성하여 실무에 적용하고 있는 실정이다.

chapter 02

발주 방식 및 건설계약의 종류

2.1 발주 방식에 따른 분류

발주 방식은 발주관점이나 연구자에 따라 다양하게 분류할 수 있으나 가장 기본적인 분류 방식으로는 그림 1과 같이 설계·시공 분리 방식(Design-Bid-Build), 설계·시공 일괄 방식(Design-Build), 턴키 방식(Turnkey/EPC Turnkey 방식), 건설사업 관리 방식(CM 방식)등으로 구분할 수 있다.

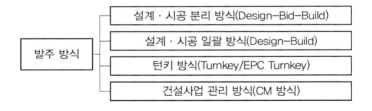

[그림 1]
발주 방식에
따른 분류

2.1.1 설계·시공 분리 방식(Design-Bid-Build)

설계와 시공을 별도의 계약패키지로 서로 다른 시점에 다른 입찰 방식을 통해 발주하는 방식으로 Design-Bid-Build라고도 불리며, 가장 널리 사용되고 있는 발주 방식이다. 설계에 대한 책임이 발주자에게 있는 계약이므로 발주자가 설계를 수행하고 시공자는 이에 따라 단순 시공하는 계약 방식이다. 그림 2와 같이 설계자와 시공자는 각각 발주자와 계약을 체결하므로 계약적으로 상호 독립적이며, 업무상 협력관계만 존재한다. 일반적으로 설계와 시공 분리 방식은 설계가 완료된 이후 건설공사를 발주하기 때문에 발주자가 사전적으로 가격을 예측할 수 있다는 장점이 있다.

그림 3과 같이 영국의 경우 견적사(Quantity Surveyor)라는 전문가가 있어서 모든 공사에서 검측(measurement 또는 remeasurement) 및 금액사정(evaluation) 업무로 설계자와 시공자들과 연계하여 작업한다.

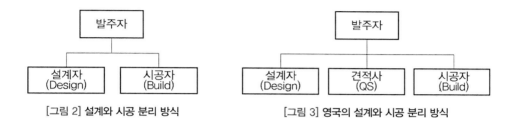

[그림 2] 설계와 시공 분리 방식　　　　[그림 3] 영국의 설계와 시공 분리 방식

1) Design-Bid-Build의 장점

- 가장 일반적인 방식이다.
- 설계 완료 후 발주가 이루어지기 때문에 발주자는 돌발적인 계약금액 증가 위험이 적다.
- 설계 완료 후 발주가 이루어지기 때문에 시공자는 기술적인 난관에 부딪칠 위험이 적다.
- 설계와 시공이 분리되어 있기 때문에 설계와 시공 상호 간에 견제가 가능하다.

2) Design-Bid-Build의 단점

- 설계에 대한 책임이 발주자에게 있다.
- 발주자의 사업 관리 역량이 충분하지 못할 경우, 프로젝트의 효율성이 저하된다.
- 발주자가 공기 지연과 계약금액 증가에 대한 위험(Risk)을 가지고 있다.
- 설계자가 비용·공기·공법에 대한 능력이 부족하면 시공성이나 생산성이 결여된 설계가 나올 수 있다.
- 설계와 시공의 분리로 인하여 사업 기간이 장기화될 수 있다.

설계와 시공 분리 방식은 발주자가 충분한 사업 관리 지식과 경험 및 조직 역량을 갖추고 있을 경우에 도입한다. 발주자가 해당 시설물에 대해 비교적 풍부한 경험과 지식을 바탕으로 사업 진행 도중 발생할 수 있는 위험요소들을 충분히 통제할 수 있을 때 적합한 방식이다.

2.1.2 설계·시공 일괄 방식(Design–Build)

발주자의 개념 설계를 바탕으로 시공자가 설계와 시공을 책임지고 수행하는 방식이다. 즉, 설계·시공 일괄 방식은 그림 4와 같이 발주자가 설계·시공자(Design–Builder)와 단일계약을 통해 설계와 시공 서비스를 공급받는 방식이다. Design–Build라고도 불리며, 근대적 의미의 Design–Build는 1960년대 미국에서 시작된 발주 방식이다. 발주자가 하나의 업체와 계약을 하면, 계약을 맺은 업체는 설계와 시공을 모두 책임지고 수행한다. 주로 대형 프로젝트에 적용되는 경우가 많다.

영국의 경우, 설계·시공 분리 수행 방식(그림 3)에 비하여 설계·시공 일괄 방식(그림 5)은 견적사의 업무가 금액사정 업무로 한정된다. 그러므로 영국의 경우 발주자가 설계·시공 일괄 방식을 채택할 때에는 자문요원으로 컨설턴트를 고용하기도 한다.

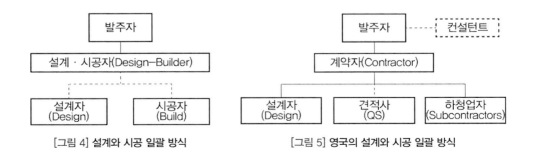

[그림 4] 설계와 시공 일괄 방식   [그림 5] 영국의 설계와 시공 일괄 방식

1) Design-Build의 장점

- 설계책임자는 시공자로 책임소재가 분명하다.
- 설계자와 시공자의 통합된 기술력 활용이 가능하다.
- 설계·시공 분리 방식에 비해 공기 단축이 가능하다.
- 시공자의 공기 지연 및 계약금액 증가를 방지할 수 있다.
- 시공성 검토, 신공법 적용, VE(Value Engineering)[1] 등을 통한 사업예산 절감이 가능하다.

2) Design-Build의 단점

- 발주자는 발주자의 요구사항을 입찰안내서에 정확히 표현해야 한다.
- 발주자의 역량이 부족할 경우 발주자가 원하는 품질과 성능을 얻지 못할 가능성이 크다.
- 발주자의 책임 사유나 불가항력적인 경우를 제외하고는 설계 변경이 허용되지 않는다.
- 설계·시공자(Design-Builder)의 높은 기술력과 자금력을 필요로 한다.
- 설계·시공자(Design-Builder)의 기술적·경제적 관리 위험(Risk)이 크다.

2.1.3 턴키 방식(Turnkey/EPC Turnkey)

Engineering-Procurement-Construction을 동일 주체인 시공사가 수행하는 방식이다. 즉, 턴키(Turnkey)는 설계·시공 일괄 방식으로 발주자가 단일계약을 통해 하나의 성과물(플랜트 혹은 시설물 등)을 최종적으로 인수받는 방식이다. 발주자의 FEED[2] 설계를 바탕으로 시공자가 일괄 책임지고 프로젝트를 수행한다. 따라서 발주자의 관여는 최소로 제한되며, 설계 및 시공 하도급 간의 모든 인

---

1) 원가 절감과 기능 향상을 추구하는 분석 방법으로 가치공학이라는 말로 통용된다.
2) FEED(Front-End Engineering Design) : 기본 설계의 End와 상세설계의 Front를 이어주는 연결 설계 (기본설계와 상세설계의 중간 과정).

터페이스를 시공자가 부담하는 것이다.

턴키는 발주자와의 단일 계약이라는 측면에서는 설계·시공 일괄 방식(Design-Build)과 유사하지만, 근본적인 차이가 있다. 턴키 계약 방식은 총액확정가격 계약 방식(Lump Sum fixed price contract)[3]이 일반적으로 도입된다. 이는 설계 변경이나 계약금액 변경 등이 일체 허용되지 않는다는 점을 뜻한다.

턴키 방식은 발주자의 역량이 부족하다고 판단하는 경우, 별도 발주를 통해 제3자의 전문기관(Project Management 또는 Program Management 계약)이 담당하도록 하는 것이 일반적이다.

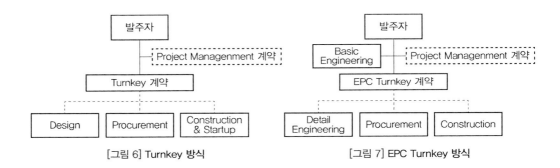

[그림 6] Turnkey 방식   [그림 7] EPC Turnkey 방식

1) Turnkey의 장점

- 설계자와 시공자의 통합된 기술력 활용이 용이하다.
- 여러 분야의 전문가 집단을 활용하여 품질 향상을 기대해볼 수 있다.
- 공사비 절감 및 공기 단축이 가능하다.
- 플랜트 시설물의 발주자들은 일반적으로 완공 후 운영을 통해 수입을 창출한다.

---

3) 건설공사에 소요되는 총사업비 혹은 총공사비를 사전에 확정하여 계약의 한도액으로 지정하는 방식이다.

2) Turnkey의 단점

- 발주자의 요구사항을 입찰안내서에 정확히 표현해야 한다.
- 발주자의 역량이 부족할 경우 발주자가 원하는 품질과 성능을 얻지 못할 가능성이 크다.
- 제도적인 뒷받침이 부족할 경우 사업 기간 중 혹은 사업 종료 후 발주자와 계약자 간 계약분쟁이 지속적으로 발생할 가능성이 있다.

[표 1] 설계 및 시공 책임에 따른 분류

분류	주요 특징
Design—Bid—Build	• Design Bid Build(설계 – 입찰 – 시공) 방식으로 진행 • 발주자가 설계를 수행하여 공사입찰하고 시공자는 이에 따라 단순 시공하는 계약 방식 • 설계와 시공의 분리에 따라 Design—Build나 EPC 방식보다 완공에 더 오랜 시간이 소요됨
Design—Build	• 시공자가 설계와 시공을 책임지고 수행(시공자 Risk 증대) • 시공자가 설계와 시공을 Fast Track 방식으로 동시 수행 가능하므로 공기 단축 가능
EPC Turnkey	• Engineering—Procurement—Construction을 동일 주체인 시공사가 수행 • 발주자의 FEED설계를 바탕으로 시공자가 일괄 책임지고 프로젝트 수행(시공자 Risk 높음) • 발주자의 관여는 최소로 제한되며, 설계 및 시공 하도급 간의 모든 인터페이스를 시공자가 부담

[그림 8]
발주 방식에
따른 RISK

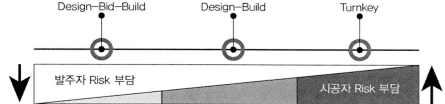

Design—Bid—Build   Design—Build   Turnkey

발주자 Risk 부담   시공자 Risk 부담

[표 2] 분류 매트릭스(Classification Matrix)

Type of Contract	Design–Bid–Build	Design–Build	Turnkey/EPC
설계 책임자	Employer	Contractor	
계약 관리	Engineer		Employer
확정된 공기/금액	어려움	중간	보장
변경 가능성	높음	중간	낮음
리스크	발주자 大, 시공자 小	중간	발주자 小, 시공자 大

2.1.4 건설사업 관리 방식(CM 방식)

CM은 발주자와의 계약을 통하여 발주자의 대리인 역할을 하면서 공사 기간, 공사비, 품질 등의 향상을 통하여 발주자의 권익이 최대가 되도록 프로젝트의 통합 관리 역할을 수행하는 방식이다.

이러한 개념에 근거하여 미국 CM 협회(Construction Management Association of America)에서는 "건설 프로젝트의 시작부터 완료까지 시간, 비용, 범위, 품질을 관리할 목적으로 적용되는 전문적인 관리 프로세스"라고 정의하고 있다. 미국 건축가 협회(American Institute of Architects)에서는 "건설공사 참여자들에게 합리적 수준의 이익 보장과 최소의 비용으로 발주자의 건설목적을 달성할 수 있도록 설계, 시공과정을 관리하는 방법"이라고 정의하고 있다.

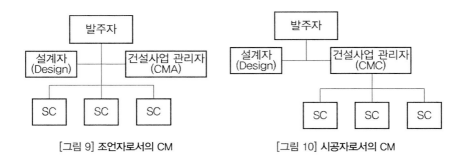

[그림 9] 조언자로서의 CM   [그림 10] 시공자로서의 CM

건설사업 관리는 건설사업 관리자가 시공자를 겸하는지의 유무에 따라 시공자로서의 CM과 조언자로서의 CM으로 구분된다. 그림 9

조언자로서의 CM은 CMA(Construction Manager as Advisor)로 표기하며, 발주자에 대한 조언자로서 'CM for Fee' 또는 'Agency-CM'으로 불리기도 한다. 시공자로서의 CM은 'CMC(Construction Manager as Constructor)' 또는 'CM at Risk' 방식이라고 한다.

조언자로서의 CM, CMA는 공사비나 공기에 대한 책임 없이 발주자가 전문업체(SC)와 직접 계약하며, 발주자의 통제하에 공사를 수행한다. 시공자로서의 CM, CMC는 일반적으로 건설업체(시공자)이며, 건설사업 관리자는 공사비의 70% 확정 가능한 설계 시점에서 전문업체(SC)들과 시공계약을 체결한다. 이때 건설사업 관리자는 시공자로서 공사비와 공기에 관한 책임이 있고, 동시에 위험(Risk) 부담을 갖게 된다. 자세한 사항은 다음 표 3과 같다.

[표 3] 건설사업 관리 방식에 따른 계약 구조와 특징

구분	조언자로서의 CM(CMA)	시공자로서의 CM(CMC)
	CM for Fee/Agency-CM	CM at Risk
계약 구조	• 발주자는 설계사와 CM사를 우선 선정한다. • 발주자가 전문업체(SC)와 직접 계약한다.	• 발주자는 초기에 건설사업 관리자(CM사)와 설계사를 선정한다. • CM은 공사비, 공기에 대한 계약적 책임이 있다. • CM사는 설계가 일정 수준에 이를 때까지 일정한 Fee를 받으며 업무를 수행한다. • 공사비의 70% 확정 가능 설계시점에 CM사와 시공계약을 체결한다.
특징	• 발주자, CM사, 설계사의 Teamwork가 형성된다. • 설계사는 CM의 관리를 통하여 최적의 설계를 수행한다. • 시공사의 과도한 관리비 및 이윤 배제로 원가를 절감할 수 있다. • 공기 단축이 가능하다. • CM의 전문적인 공사 관리로 효율성이 향상된다.	• 일반적으로 건설업체가 수행한다. • 설계사는 CM의 관리를 통해 최적의 설계를 수행한다. • 시공계약 후 발주자와 CM사 간의 이해 상충 가능성이 있다. • 계약의 최고한도액(Guaranteed Maximum Price : GMP)이 조기에 결정되어야 하나 설계가 진행되는 중에는 그 액수를 확정하기 어렵다.

2.2 계약 형태에 따른 분류

계약 형태는 대가 지급 형태와 서비스 공급 범위 등에 따라 다양하게 나뉜다. 계약 형태에 따라 계약 당사자 간의 책임과 권한 관계 및 리스크(Risk) 배분 원칙이 결정된다.

2.2.1 총액계약(Lump Sum Contract)

확정된 금액으로 계약하고 대가를 지급하는 방식으로 일반적인 경우 계약금액 변경은 허용되지 않고, 계약에 명시된 특별한 경우에 한하여 대가 변경이 가능하다. 때문에 시공자는 공사 중에 발생할지도 모를 각종 문제와 상관없이 계약된 금액으로 공사를 완공해야 한다. 그러므로 시공자가 부담해야 하는 계약적 리스크가 가장 크다. 반면에 발주자의 리스크는 가장 적으며 발주자는 공사의 적정 수행 여부나 계약 공기 내 완성 여부 등의 문제에 집중할 수 있다.

1) Lump Sum Contract의 장점
- 발주자는 총 공사비가 확정되어 있어 공사비 증액 부담이 없다.
- 발주자는 공사의 범위가 명확하여 정확한 공사비 산출이 가능하다.
- 발주자는 자금 조달 및 집행 계획 수립이 용이하다.

2) Lump Sum Contract의 단점
- 입찰 전 공사비 견적 및 공사에 필요한 설계도서가 완성되어야 하므로 발주 준비 기간이 길다.
- 발주자가 설계 도서를 준비하므로 시공자의 경험이나 기술력이 프로젝트에 반영되지 않을 수 있다.
- 공사 범위, 설계도서, 계약 조건 등이 불분명할 경우 계약 당사자 간 분쟁이 발생할 가능성이 높다.

2.2.2 단가계약(Unit Price Contract)

대표 공종(commodity)이나 공종 혹은 측정단위(m^2 혹은 톤 등)로 시공 물량을 측정하고 이에 상응하는 대가를 지급하는 물량 정산 방식이다. 단가방식에는 계약총액과 무관하게 오직 측정단위(공종이나 단위면적당 등)로만 단가를 계약하는 방식과 총액을 먼저 결정한 후 단가를 결정하는 '총액단가계약' 방식 등이 있다. 총액단가계약 방식은 총액을 먼저 확정한다는 의미이다. 계약자에게 금액 상한선을 설정해놓는 것이며, 이는 곧 총액이 초과되었을 때 계약자에게 책임이 부과되는 방식이다.

1) Unit Price Contract의 장점
- 비교적 단순한 계약 방식이다.
- 발주자가 사업 관리 역량이 있을 경우 공사비를 최소화시킬 수 있는 가능성이 높다.

2) Unit Price Contract의 단점
- 발주자가 공사비 증액에 대한 위험(Risk)을 가지고 있다.
- 발주자의 역량이 부족할 경우 공사비 증액이 일어날 수 있다.

2.2.3 실비정산계약(Cost Reimbursement Contract)

실비정산계약은 원가(cost)＋보수(fee)로 금액이 구성된다. 원가는 직접비(노무비, 자재비, 하도급비)와 간접비(현장 관리비)로 구성되며 보수는 일반 관리비를 말한다. 즉, 시공자가 실제로 사용한 비용(공사실비)과 사전 약정한 보수(fee)를 더하여 대가를 지급하는 방식이다.

이는 미국에서 발전하여 현재 미국 공공공사 계약에 있어서 총액계약과 함께 대표적인 계약 방식이 되고 있다. 이 방식을 적용하는 사업은 긴급공사(ex. 재난피해복구공사)와 같이 사업범위를 사전에 결정하기 힘든 경우와 발주자의 사업 관리 역량이 충분하여 공사비 절감이 가능한 경우 적용한다. 따라서 계약 시 계약금액을 정액(Fixed-price)으로 하지 않는다.

1) 실비정산계약의 장점

- 발주자의 역량에 따라 공사비 절감 가능성이 가장 높은 계약 방식이다.
- 정액계약보다 착공 시기가 더 빠를 수 있다.
- 시공자의 지식과 경험이 시방서에 반영될 수 있다.
- 시공자는 최종정산이 용이하다.

2) 실비정산계약의 단점

- 발주자의 역량에 따라 공사비 증액이 좌우된다.
- 시공자로부터 효율적인 시공 관리나 경비 절감 가능성이 낮다.
- 예상 공사비의 추정이 어려우므로 발주자나 시공자 모두 단기적인 확실성이 결여된다.

3) 실비정산계약의 종류

- Cost Plus Incentive Fee Contracts(CPIF, 실비정산 인센티브 보수가산방식) : 정해진 규모 또는 비율의 보수 외에 미리 정한 성과의 달성 여부에 따라 인센티브에 해당하는 보수를 추가 지급하는 방식
- Cost Plus Award Fee Contracts(CPAF, 실비정산 실적보수가산방식) : 원가를 보상하고 업무 성과에 따라 상여금을 지급하는 방식
- Cost Plus Fixed Fee Contracts(CPFF, 실비정산 정액보수가산방식) : 원가를 보상하고 보수(fee)는 고정금액(고정비율)으로 지급하는 방식

[표 4] 실비정산계약 유형별 특징

계약 유형	범위 명확성	리스크 부담 주체	비용 예측 가능성
Cost Plus Incentive Fee	중간	대부분 발주자	중간
Cost Plus Award Fee	중간	대부분 발주자	중간
Cost Plus Fixed Fee	중간	대부분 발주자	높음과 중간 사이

4) 정액계약과 실비정산계약의 비교

[표 5] Fixed-Price와 Cost Reimbursement Contract 비교

Fixed-Price Contract (정액계약)	Cost Reimbursement Contract (실비정산계약)
• 기술적 불확실성이 적고 설계 변경 위험이 낮을 때	• 이행비용 추정이 곤란한 경우 사용 • 반드시 협상에 의한 계약 절차 수행
• 정부가 선호하는 계약 방식 • 초기에 가격이 확정되므로 발주자 리스크 적음 • 정확한 과업범위 기술 필요 • 계약자는 낙찰금액 범위 내에서 이행해야 하므로 품질문제 발생 및 비용 리스크 부담이 큼	• 계약금액 총액을 정하고 계약자가 초과해서는 안 되는 상한선을 정함 • 발주자가 비용, 일정, 품질 등 과업의 모든 리스크 부담 • 계약자의 이행을 면밀하게 모니터링할 관리 도구 필요 • 계약서에 허용 가능, 합리적, 할당 가능한 비용만 지불

[그림 11]
계약 방식에
따른 RISK

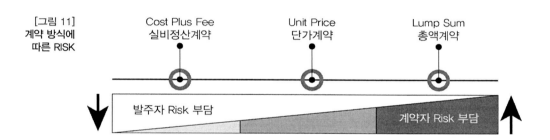

[표 6] 계약 유형별 특징

계약 유형	주요 특징	범위 명확성	리스크 부담 주체	비용 예측 가능성
총액계약	• 확정된 금액으로 계약하고 대가 지급 • 일반적인 경우 계약금액 변경은 허용되지 않고, 계약에 명시된 특별한 경우에 한하여 대가 변경 가능	매우 높음	모두 시공자	매우 높음
단가계약	• 실측에 근거하여 물량 정산(remeasure)하고 BOQ(Bill Of Quantities) 단가를 곱하여 대가 산정	높음	대부분 발주자	높음
실비정산 계약	• 시공자가 실제로 사용한 비용(공사실비)과 사전 약정한 보수(fee)를 더하여 대가 지급	높음	대부분 발주자	높음과 중간 사이

chapter 03

주요 국가별 계약서 및 특징

3.1 영국

3.1.1 영국의 NEC4 계약서

영국의 표준계약서 중 New Engineering Contracts(NEC)는 1993년 건설계약 관리의 새롭고 혁신적인 방법으로 처음 발간되었다. NEC는 영국의 다른 표준계약서들과 달리 명확하고 단순한 언어를 사용하여 위험과 불확실성을 효과적으로 관리하도록 설계되었다. 특히 프로젝트 관리에 중점을 두고 있으며, 유형별 계약 당사자들이 계약문서를 선택할 수 있도록 옵션 계약서 안에서도 계약당사자들이 선택할 수 있는 다양한 내부 옵션을 두고 있다.

발주자와 시공자의 대립보다는 합리적이고 공정한 관계를 추구하며, 상호 신뢰를 바탕으로 협력관계(예상치 못한 위험을 상호 협력적으로 해결)를 유도하고자 한다.

3.1.2 NEC4의 핵심 목표

첫째, 훌륭한 경영에 더 좋은 자극을 제공하고, 둘째, 계약 관리를 향상시키는 조달에 대한 새로운 접근 방식을 지원하며, 셋째, 새로운 시장과 부문에서 NEC의 사용 증가를 고취시키는 데 목적이 있다. NEC4에서 계약은 계약당사자(Client and Supplier)들이 함께 작업하는 방식을 상세하게 기입한 정보를 문서(계약서)에 명시하는 것을 말하며, NEC4의 핵심 내용은 다음과 같다.

- 시간과 범위에서 건설과 운영 요구 사항을 허용하는 새로운 설계 구축 및 운영 계약을 한다.
- 통합 리스크 및 보상 모델에 기반을 둔 새로운 다자간 동맹 계약을 한다.
- 공급망의 통합을 개선하기 위한 하청계약의 새로운 형태를 가진다.
- 계약 기간 동안 원가 요소를 완성한다.
- 분쟁 해결 과정을 판결 과정에 통합시킨다.
- 사용자에게 더 실용적인 조언을 제공한다.

3.1.3 NEC4의 Book의 종류

6종류의 옵션이 있으며, 옵션 중에서 계약 방식 선택이 가능하다.

- Option A : Priced Contract with Activity Schedule
- Option B : Priced Contract with Bill of Quantities
- Option C : Target Contract with Activity Schedule
- Option D : Target Contract with Bill of Quantities
- Option E : Cost Reimbursable
- Option F : Management

NEC 계약 조건은 크게 핵심 조항들(Core Clauses)과 선택 조항들(Option Clauses)로 나눌 수 있다. 선택 조항은 주요 선택 조항들(Main Option Clauses)과 부가 선택 조항들(Secondary Option Clauses), 비용 요소들(Cost Components), 계약자료(Contract Data)로 나뉘어 있다.

〈Box 1 : The Contracts〉에서는 엔지니어링 및 건설계약과 관련된 21개의 책으로 구성되어 있으며, 〈Box 2 : User Guides〉에서는 계약자들이 준비해야 할 계약 준비 및 관리에 관련된 22개의 책으로 구성되어 있다. 그중 〈BOX 1〉에서 건설계약은 크게 Option A부터 F까지 총 6가지 계약으로 분류하였는데, Option A는 활동 일정이 포

함된 총액계약, Option B는 물량내역서를 가진 단가계약, Option C
는 활동 일정이 있는 목표금액계약, Option D는 물량내역서를 가진
목표금액계약, Option E는 비용상환계약, Option F는 관리계약으
로, 앞에서 언급한 계약 방식에 따른 분류로 6가지 계약으로 나누었
다. NEC4 Book 종류 소개는 표 7로 갈음하도록 한다.

[표 7] NEC4 Book 종류

〈BOX 1 : The Contracts〉	〈BOX 2 : User guides〉
Engineering and Construction Contract	Establishing a Procurement and Contract Strategy
OptionA : priced contract with activity schedule	Preparing an Engineering and Construction Contract
OptionB : priced contract with bill of quantities	Preparing an Engineering and Construction Short Contract
OptionC : target contract with activity schedule	Preparing a Professional Service Contract
OptionD : target contract with bill of quantities	Preparing a Professional Service Short Contract
Option E : cost reimbursable contract	Preparing a Term Service Contract
Option F : management contract	Preparing a Term Service Short Contract
Engineering and Construction Short Contract	Preparing a Design, Build and Operate Contract
Engineering and Construction Subcontract	Preparing a Supply Contract
Engineering and Construction Short Subcontract	Preparing a Supply Short Contract
Professional Service Contract	Selecting a Supplier
Professional Service short Contract	Managing an Engineering and Construction Contract
Professional Service Subcontract	Managing an Engineering and Construction Short Contract
Term Service Contract	Managing a Professional Service Contract
Term Service Short Contract	Managing a Professional Service Short Contract
Term Service Subcontract	Managing a Term Service Contract
Design, Build and Operate Contract	Managing a Term Service Short Contract
Supply Contract	Managing a Design, Build and Operate Contract
Supply Short Contract	Managing a Supply Contract
Dispute Resolution Service Contract	Managing a Supply Short Contract
Framework Contract	Preparing and Managing a Dispute Resolution Service Contract
	Preparing and Managing a Framework Contract

3.2 미국

3.2.1 미국의 AIA 계약서

미국의 AIA(American Institute of Architects) 표준문서는 건설 프로젝트에 관련된 모든 당사자들이 공정하고 균형 잡힌 기준선으로 사용하기 위한 문서이다. 미국 건축사 협회 AIA(American Institute of Architects)에서는 계약문서를 다음과 같이 규정하고 있다.

- Agreement(계약서)[4]
- Conditions of Contract(General, Supplementary and other Conditions) (계약 조건)(일반, 보완 및 기타 조건)[5]
- Drawings(도면)
- Specifications(시방서)
- Addenda(Prior to the Agreement)(계약서 부록)(계약 체결 전)[6]
- Accepted Alternates(Prior to Agreement)(승인된 대안)(계약 체결 전)
- Modifications(Subsequent to the Agreement)(수정본)(계약 체결 후)

3.2.2 AIA의 핵심 목표

AIA는 일관성 있는 건설 법안 구축을 목표로 한다. 이론 외에도 건설업계 관행 및 법안까지 반영하여 정기적으로 개정하여 발행하고 있다.

---

4) 이해관계자들 간에 합의한 계약 사항에 관하여 작성한 문서.
5) 합의한 계약 내용(조건).
6) 계약서에 추가되는 부분을 기록한 문서.

3.2.3 AIA Book의 종류

A-Series	Owner/Contractor Agreements : Owner와 Contractor와의 계약
B-Series	Owner/Architect Agreements : Owner와 Architect와의 계약
C-Series	Other Agreements : 기타 계약
D-Series	Miscellaneous Documents : 기타 문서
E-Series	Exhibits : 전시 관련
G-Series	Contract Administration and Project Management Forms : 계약 관리 및 프로젝트 관리 양식

AIA는 6가지 Series가 유형별로 세분화되어 있기 때문에 A-Series만 하더라도 약 40여 개의 계약사항으로 나누어져 있다. 이 책에서는 대표적인 몇 가지만 살펴보도록 한다.

A101-2017	Standard Form of Agreement between Owner and Contractor
A201-2017	General Conditions of the Contract for Construction
A105-2017	Owner-Contractor Agreement : Small Projects Edition
A221-2018	Owner/Contractor Work Order
B101-2017	Owner-Architect Agreement
B105-2017	Standard Short Form of Agreement Between Owner and Architect
B201-2017	Standard Form Architect's Services
B205-2017	Standard Form of Architect's Services : Historic Preservation
C101-2018	Joint Venture Agreement for Professional Services

C401–2017	Architect–Consultant Agreement
D503–2013	Guide for Sustainable Projects
E203–2013	Building Information Modeling and Digital Data Exhibit
G201–2013	Project Digital Data Protocol
G202–2013	Project BIM Protocol
G701–2017	Change Order
G709–2018	Proposal Request
G711–2018	Architect's Field Report

그중에서도 A201 문서는 Owner, Contractor, Architect들의 건설계약 일반 조건을 제공하기 때문에 핵심 문서로 간주된다. A201-1997에서 A201-2007을 거쳐 A201-2017로 개정하였다. A201은 일반적으로 계약 관리 문서(G-Series)에 의해 보완된다. 계약 관리 문서(G-Series)는 계약자에게 금액을 지불하고 작업 변경 사항을 공식화하기 위해 사용되고 있다.

3.3 FIDIC(국제컨설팅엔지니어협회)

3.3.1 FIDIC의 계약서

1913년도에 설립된 단체로 Geneva에 본사를 두고 있으며, 현재 102개 회원국이 활동 중이다(2018년 11월 기준). FIDIC은 국제건설계약에 적용될 수 있는 여러 유형의 표준 계약 조건을 발표하여 세계 건설시장에서 그 적용성을 인정받고 있다. FIDIC(Fédération Internationale Des Ingénieurs-Conseils)의 제1·1·1조의 계약문서를 살펴보면 다음과 같이 규정하고 있다.

- Contract Agreement(계약서)
- Letter of Acceptance(낙찰서)
- Letter of Tender(입찰서)
- Conditions of Contract(계약 조건)
- Specification(시방서)
- Drawings(도면)
- Schedules(내역서)[7]
- 기타 계약서 또는 낙찰서에 명시된 서류

3.3.2 FIDIC 계약서 변천 과정

FIDIC 계약서는 Red Book 1957년, Yellow Book 1963년, Orange Book 1995년 순으로 발간되었으며, Orange Book이 Yellow Book 과 Silver Book으로 재분류되면서 현재는 Red, Yellow, Silver Book으로 나누고 있다.

[그림 12]
FIDIC 계약서
변천 과정

---

7) 입찰서의 일부를 구성하는 문서로서 가격이 기재되고 완성된 산출내역서를 말한다. 일반적인 경우 BOQ(Bill of Quantities)라고 하고 있으나 FIDIC은 BOQ뿐만 아니라 그 산출자료 등을 총칭하여 'Schedules'로 정의하고 있다.

3.3.3 FIDIC의 핵심목표

FIDIC은 균형 잡히고 공정한 계약 조건을 제공하는 것을 목표로 한다. 사용자들이 최신의 저작물로부터 이익을 볼 수 있도록 출판물들을 정기적으로 갱신하고 재발행한다.

3.3.4 FIDIC Book의 종류

Red (2017^{2nd})	Design—Bid—Build Contract : Conditions of Contract for Construction Designed by Employer 　시공자 역무는 시공만, 발주자가 설계, 엔지니어가 감독
Yellow (2017^{2nd})	Design—Build Contract : Conditions of Contract for Plant and Design—Build 　시공자 역무는 설계 시공, 시공자가 설계, 엔지니어가 감독
Silver (2017^{2nd})	Turnkey EPC Project : Conditions of Contract for EPC/Turnkey Project 　시공자 역무는 설계 시공, 시공자가 설계, 엔지니어 없음(발주자 직접 관리)
Pink(MDB) (2010^{3rd})	Conditions of Contract for Construction, Red Book을 MDB[8]에 맞게 수정 : 발주자와 시공자 간에 공평한 리스크 분담, 권리/의무의 분담 등 고려
Red—Sub(2011)	Conditions of Subcontract for Construction : 하도급 시공에 적용
Gold (2008)	Design—Build—Operate Contract(Yellow Book＋Operation) : 설계, 건설 및 운영이 포함된 DBO 프로젝트에 적용
White (2017^{5th})	Client/Consultant Model Service Agreement : 설계·감리 용역계약에 적용
Green (1999)	Short Form of Contract : 공기 6개월 이하, 총 공사비 50만 달러 이하의 소규모 공사에 적용
Blue (1999)	Form of Contract for Dredging and Reclamation Works : 항만 준설공사에 적용(2006년 Blue—Green Book 발행)

---

8) MDB : Multilateral Debelopment Bank(WB, ADB, AfdB, EBRD 등 9개 국제은행).

3.3.5 계약 형태별 특징

Red Book은 설계에 대한 책임이 발주자(Employer)에게 있는 계약 조건이다. Red Book의 경우와 달리, Yellow Book이나 Silver Book은 설계에 대한 책임이 시공자(Contractor)에게 있는 계약 조건이다.

표 8에서 보는 바와 같이 Design-Bid-Build 형태의 계약은 발주자에 의해 제공된 설계대로 시공하는 것이 의무이다. 시공전문가가 아닌 발주자(설계자 포함)가 설계를 함으로써 발생할 수 있는 계약적 혹은 시공상 문제점들을 해결하기 위한 방법으로 제안된 것이 Design-Build 형태의 계약 방식인 것이다.

[표 8] 계약 형태별 특징

FIDIC 계약 조건	Red Book	Yellow Book	Silver Book
Type of Contract	Design-Bid-Build	Design-Build	Turnkey/EPC
설계 책임자	Employer	Contractor	
엔지니어	존재	존재	없음
계약 관리 주체	Engineer		Employer
계약 형태	Remeasurable Unit price	Lump Sum	Fixed Lump Sum
확정된 공기/금액	어려움	중간	보장
변경 가능성	높음	중간	낮음
리스크	발주자 大, 시공자 小	중간	발주자 小, 시공자 大
시공자 자율성	낮음	중간	높음

FIDIC은 설계와 시공에 대한 책임을 시공자에게 지우는 경우 계약 조건을 Yellow Book과 Silver Book으로 나누고 있다. 두 계약 조건 간의 핵심적인 차이는 Silver Book은 시공자의 설계와 시공에 대한 자율성을 최대한 보장하는 대신 시공 과정에서 발생할 수 있는 모든 위험(Risk)을 시공자가 책임지고 있는 반면에, Yellow Book은 시공자의 자율성을 다소간 제한하는 대신에 시공과정에서 발생할 수 있

는 위험(Risk)으로부터 시공자를 보호하고 있다는 것이다.

3.3.6 FIDIC 계약조항 구성

	FIDIC Clauses (Red Book)	Construction Only	FIDIC Clauses (Yellow Book)	FIDIC Clauses (Silver Book)
1	General Provisions	일반 규정	General Provisions	General Provisions
2	The Employer	참여자 권리/의무	The Employer	The Employer
3	The Engineer		The Engineer	The Employer's Administration
4	The Contractor		The Contractor	The Contractor
5	Nominated Subcontractors		Design	Design
6	Staff & Labor	리소스	Staff & Labor	Staff & Labor
7	Plant, Material & Workmanship		Plant, Material & Workmanship	Plant, Material & Workmanship
8	Commencement, Delays & Suspension	시공 절차	Commencement, Delays & Suspension	Commencement, Delays & Suspension
9	Tests on Completion		Tests on Completion	Tests on Completion
10	Employer's Taking Over		Employer's Taking Over	Employer's Taking Over
11	Defect Liability	시공 하자	Defect Liability	Defect Liability
12	Measurement & Evaluation	대가 지급	Tests after Completion	Tests after Completion
13	Variations & Adjustments		Variations & Adjustments	Variations & Adjustments
14	Contract Price & Payment		Contract Price & Payment	Contract Price & Payment
15	Termination by Employer	계약 해지	Termination by Employer	Termination by Employer
16	Suspension & Termination by Contractor		Suspension & Termination by Contractor	Suspension & Termination by Contractor
17	Risk & Responsibility	리스크 배분	Risk & Responsibility	Risk & Responsibility
18	Insurance		Insurance	Insurance
19	Force Majeure		Force Majeure	Force Majeure
20	Claims, Disputes & Arbitraion	분쟁 해결	Claims, Disputes & Arbitraion	Claims, Disputes & Arbitraion

chapter 04

계약자 선정 방법

4.1 수의계약과 경쟁계약

계약자 선정 방식은 경쟁 입찰 실시 여부에 따라 수의계약과 경쟁 입찰에 의한 계약으로 분류되고, 경쟁 입찰의 경우 계약자 선정 지표에 따라 최저가에 의한 계약(Based on Low-Bid)과 최고 가치에 의한 계약(Based on Best-Value)으로 다시 분류된다.

수의계약은 단일 업체와 가격 협상을 통해 계약을 체결하는 방식이다. 수의계약에 의하는 경우라도 가격 협상 이전에 품질 공모나 디자인 공모 등을 통해 품질에 대한 정성적인 평가를 실시하여, 가장 우수한 제안제시자를 선정하여 가격 협상을 통해 최종적으로 계약자를 결정하게 된다. 일반적으로 수의계약은 민간공사나 긴급을 요하는 소규모공사의 발주에 사용하고, 공사계약의 초기에 완성된 설계도서가 없는 경우가 많기 때문에 공사의 범위 및 내용을 확정하기가 어려워 단계적으로 실시하는 공사에 주로 채택된다.

경쟁계약은 수의계약과 대비되는 계약 방식으로 다수의 업체가 참여하는 입찰이라는 절차를 통하여 계약자를 결정하게 된다. 기술력이 우수한 업체와 수의계약에 의하는 설계 등 용역과는 달리, 주어진 도면과 시방에 의하여 시공할 건설업체를 선정하는 공사입찰의 경우는 가격경쟁에 의한 경쟁 입찰에 의하는 것이 보편적이다. 낙찰자를 결정함에 있어 입찰자가 제시한 가격만이 낙찰의 기준이 되는 경우는 최저가에 의한 계약 방식으로 분류된다. 반면, 정량적인 지표인 입찰가격 외에 입찰자의 이행 능력·재정적 건실도 등의 정성적 지표를 함께 고려하여 낙찰자를 결정하는 계약 방식은 최고 가치(Best-Value 또는 Value for Money)[9]에 의한 계약이라고 한다. 최고 가치에 의한 계약 과정에는 입찰자의 공사 수행 능력과 재무 상태를 평가하는 과정이 수반되는데 입찰 참가 자격 사전심사와 적격심사가 대표적인 예이다. 아래의 그림은 경쟁 입찰의 종류를 업체 평가 방법에 따라 분류한 것이다.

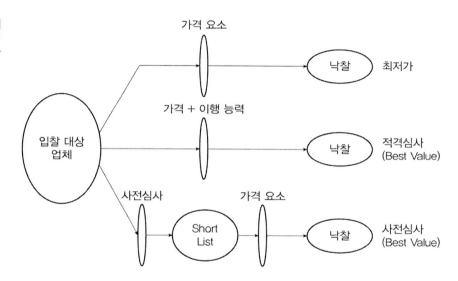

[그림 13]
계약 방식의
분류

이 외에도 경쟁에 의한 계약은 일반경쟁입찰에 의한 계약과 제한경쟁입찰에 의한 계약 그리고 지명경쟁 계약으로 나뉜다. 일반경쟁입찰에서는 법령에 의한 허가·인가·면허·등록·신고 등을 요하거나 자격요건을 갖추어야 할 경우에는 당해 요건에 적합한 모든 업체에 대하여 입찰 참가를 허용하게 된다. 제한경쟁입찰은 법령에 의한 자격요건에 더하여 과거의 공사(또는 용역) 수행 실적이나 기술 보유 상황 등으로 입찰자를 제한하게 된다.

---

9) "Best value means the expected outcome of an acquisition that, in the Government's estimation, provides the greatest overall benefit in response to the requirement"(미국 Federal Acquisition Regulations 2.101 Definitions, 2001).

지명경쟁입찰은 건설 프로젝트의 성질이나 목적에 비추어 특수한 설비·기술·자재·물품 또는 실적이 있는 자가 아니면 사업을 수행하기 곤란한 경우로서 발주자가 복수의 기업을 지명하여 입찰에 참가하도록 하는 방식이다.

[표 9] 계약 방법의 종류

경쟁계약						수의 계약
일반경쟁	제한경쟁				지명경쟁	
	시공 능력 평가액	유자격자 명부	지역	실적		

* 계약 방법은 경쟁계약과 수의계약으로 나눌 수 있으며, 제한경쟁은 시공능력평가액이나 유자격자 명부
 에 의한 등급, 지역 또는 시공실적으로 제한

4.2 입찰 참가 자격 사전심사(Pre - Qualification)와 적격심사(Post - Qualification)

입찰 참가 자격 사전심사와 적격심사는 낙찰자를 결정하는 데 있어 가격 이외의 요소를 종합적으로 고려하는 최고 가치에 의한 계약 방식이다. 입찰을 실시하기 이전에 입찰 예정자들을 미리 평가하여 입찰 참가 자격을 부여하는 것을 입찰 참가 자격 사전심사(Pre-Qualification)라 한다.

입찰 참가 자격 사전심사제도는, 행주대교 붕괴사고를 계기로 부실공사 방지대책 차원에서 93년 7월 도입하게 되었으며, 공사품질 확보를 위해 입찰 참가 자격을 미리 심사하여 입찰에 참가할 수 있는 적격자를 선정하는 제도이다. 추정가격 200억 이상~300억 미만 고난도[10] 공사, 300억 이상 종합심사낙찰제 대상 공사, 기술형 입찰 대상 공사에 적용한다.

---

10) (10개 공사) 교량, 터널, 항만, 지하철, 공항, 쓰레기소각로, 폐수처리, 하수종말처리, 관람집회, 전시
   시설

발주자는 프로젝트의 성공을 신뢰할 수 있는 회사만이 입찰에 참가할 수 있도록, 입찰 전에 입찰 참가 자격 사전심사 단계를 채택하여 자격 있는 회사를 선정한다. 이에 따라 발주처는 신문 등 언론매체 또는 전자조달 시스템을 이용하여 PQ 대상 공사임을 공고하고 PQ 질의서[11]를 발급한다.

PQ의 목적은 입찰 전에 미리 업체 심사를 실시하여 이행 능력이 충분한 업체에 한정하여 입찰에 참여하도록 함으로써(Short Listing)[12] 입찰 시 과당 경쟁을 방지하고, 부적격 업체의 입찰에 따라 발생할 수 있는 각종 기회비용을 절감한다는 데 그 의의가 있다.

입찰 참가 자격 사전심사는 업체의 전반적 기술력과 신용도, 관리 능력을 종합적으로 평가하여 업체의 입찰 허락 여부를 판단하게 되는데, 주요 평가요소는 다음과 같다.

- 경영상태(Financial Status) : 신용평가등급만으로 평가
- 시공경험 : 공사실적(Past Experience)
- 기술능력(Technical Capability) : 기술자 보유 상황, 신기술개발 및 활용 실적, 시공경험 축적 정도, 기술개발 투자비율
- 시공평가 결과 : 과거 준공실적에 대한 품질평가 결과
- 지역업체 및 중소기업 참여도
- 신인도

입찰 참가 자격 사전심사 절차는 입찰공고, 심사기준 열람, 신청서류 제출, 제출서류 심사, PQ 적격자 선정, 심사결과 통보, 이의신청

---

11) 발주자는 프로젝트를 성공적으로 수행할 자격이 되는 Bidders에게만 입찰자격을 허용하기 위하여, 발주자가 프로젝트 입찰 전에 입찰에 참여하고자 원하는 회사에 발급하는 입찰 참가 자격을 사전에 심사하기위한 평가기준(Pre-Qualification Document) 등을 PQ 질의서라 말한다.
12) 업체 명단(Contractor's List) : 입찰 가능한 모든 업체 명단.
 * Long List : 발주자 측에서 특정 실적 등을 요구하는 경우 실적이 있는 업체
 * Short List : Long List 중에서 입찰 참가 자격 사전심사에 합격한 업체

및 처리, 현장 설명 및 개찰 순으로 진행하며, 심사 방법은 경영상태 평가 통과자를 대상으로 기술적 공사 이행 능력을 평가하는 2단계 Pass or Fail 방식으로 진행한다.

▶ PQ 심사절차

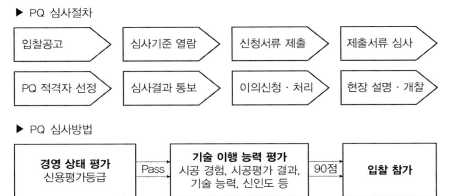

[그림 14]
입찰 참가자격
사전심사(PQ)
절차 및 방법

▶ PQ 심사방법

적격심사(Post-Qualification 또는 Bid Evaluation)는 관련 법령에 의하여 입찰 참가 자격이 있는 모든 업체들이 입찰에 참여할 수 있도록 하되, 입찰 후에 입찰가격과 업체의 신용도 및 재무상태 등을 종합적으로 평가하여 당해 업체의 계약 이행 적정성 여부를 심사하여 낙찰자를 결정하는 제도이다.

최저가 입찰자부터 순차적으로 심사를 실시하여 부적격자는 낙찰에서 제외하는 방식으로 진행되며, 적격자로서 입찰가격이 가장 낮은 업체가 낙찰자로 결정된다. 적격심사의 목적은 비합리적으로 낮은 가격으로 입찰한 입찰자나 재무 상태 등이 불건전한 업체가 계약자가 되는 것을 방지하기 위한 것이다.

가격 이외에 적격심사 시 고려되는 평가요소는 공사 수행 능력 분야로 다음과 같이 요약된다.

- 시공경험, 기술 능력, 신인도 : PQ 기준 이용
- 하도급 관리 계획 적정성 : 하도급 비중 및 금액에 대한 계획 평가

• 자재·인력조달가격 적정성 : 예정가격과 입찰가격의 노무비 및 제경비 비교 평가

일반적으로 입찰 참가 자격 사전심사는 업체의 전반적인 사업수행 능력을 평가하여 입찰 참가 허용 여부를 결정하게 되지만 적격심사는 당해 건설 프로젝트에 한정하여 입찰가격을 포함한 업체의 당해 프로젝트 수행 가능성을 평가하여 낙찰 여부를 결정한다는 차이점이 있다.

적격심사는 공사 계약이행능력을 심사하여 낙찰자를 결정함으로써 불량, 부적격자가 계약대상자로 선정되는 것을 배제하는 제도이다. 이는 국가계약법시행령 제42조 제1항 적격심사기준에 근거하며, 종합심사낙찰제 대상 공사, 일괄, 대안, 기술제안 공사를 제외한 추정가격 300억 미만인 경쟁 입찰로 집행하는 모든 공사에 적용된다.

4.3 종합심사 낙찰제

대형 공사에 적용하는 최저가 낙찰제는 저가수주에 따른 시설물 품질저하와 건설업체 채산성 악화 등의 문제점이 발생하였다. 이러한 사유로 최저가 낙찰제 대안으로 공사 수행 능력·가격·사회적 책임을 종합적으로 심사할 수 있도록 하는 종합심사 낙찰제를 2016년부터 도입하였다.

종합심사 낙찰제는 공사 수행 경험이 많은 업체를 우대하되, 준공 후 시공 결과를 평가하여 다음 공공공사 입찰 시 반영하도록 한다. 또한, 공사품질 제고를 위해 숙련된 기술자를 현장에 배치하는 업체와 해당공사의 전문성이 높은 업체를 높이 평가한다. 다음 그림은 종합심사낙찰제에서 낙찰자 선정 과정의 흐름도이다.

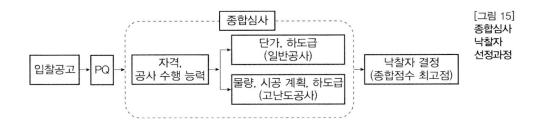

[그림 15]
종합심사
낙찰자
선정과정

종합심사 낙찰제의 주요 심사 분야는 입찰금액, 공사 수행 능력, 사회적 책임, 계약의 신뢰도이며, 종합심사에 필요한 세부평가 항목은 다음 표 10의 평가체계와 같다. 종합심사점수가 최고점인 자를 낙찰자로 선정하며 최고점자가 다수일 경우에는 공사 수행 능력이 높은 자, 입찰금액이 낮은 자의 순으로 우선권을 부여한다.

[표 10] 종합심사 낙찰제 평가체계

심사 분야	배점	세부 평가 항목
입찰 금액	50	가격점수*, 가격 적정성(감점), 물량심사(가점)
공사 수행 능력	50	시공 실적, 시공 평가 결과, 배치 기술자, 동일공종 전문성 비중, 규모별 시공 역량, 공동수급체 구성, 건설인력 고용 등
사회적 책임	가점(2)	① 건설안전, ② 공정거래, ③ 지역경제 기여도
계약 신뢰도	감점	① 배치기술자 투입 계획 위반, ② 하도급 관리 계획 위반, ③ 하도급금액 변경 초과비율 위반, ④ 시공 계획 위반

* 입찰자 평균가격 근접 구간에 만점 부여

4.4 기술형 입찰

4.4.1 국내 기술형 입찰(기술제안입찰)

정부공사 발주 방식의 다양화와 공공시설물에 대한 품질 제고를 위하여, 새로운 정부공사 입찰방식으로 '기술제안입찰' 방식을 도입하고, 2010년 7월에 국가계약법시행령을 개정하였다. 이를 근거로 기술제안 입찰에 필요한 평가지표와 평가방식을 마련하고 '기술제안

서평가를 위한 세부기준' 제정과 '설계자문위원회 설치 및 운영 규정'
을 마련하였다.

이러한 기술제안입찰 방식은 세종시 정부청사 1단계 1구역 국무총
리 공관 신축공사 사업에 최초로 적용하고 성과를 확인하였다. 이를
통한 문제점을 보완하여, 국가 주요시설사업의 성공적인 수행을 위
한 기술제안입찰 방식을 수립하고, 이를 통하여 선진 조달 및 계약
제도를 정착하였다.

[그림 16]
**기술제안입찰
방식 최초
도입 사례
(세종시
정부청사
1단계 1구역,
국무총리 공관)**

기술제안입찰의 적용 대상은 건설사업을 위한 공사계약 중 상징
성, 기념성, 예술성 등 창의성이 필요하다고 인정되거나 고난도 기술
을 요하는 모든 시설물에 대하여 기술제안입찰을 적용한다. 기술제
안입찰은 기본설계 기술제안과 실시설계 기술제안입찰로 구분한다.

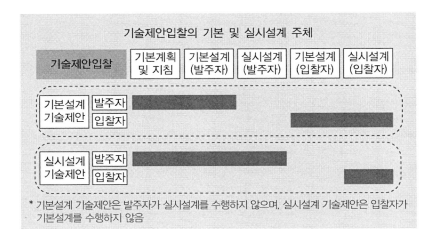

기술제안입찰의 기본 및 실시설계 주체

* 기본설계 기술제안은 발주자가 실시설계를 수행하지 않으며, 실시설계 기술제안은 입찰자가 기본설계를 수행하지 않음

1) 기본설계 기술제안입찰 시행 조건

- 설계 수행이 시설물 창의성 측면에서 유리하고 VE 기법을 통한 공사비 절감 및 발주기관의 요구사항을 반영하는 것이 중요하다고 판단된 경우
- LCC 검토를 통해 유지 관리 효율성을 높여야 하는 경우
- 공사 수행의 효율성 및 창의성 유도 측면에서 가격과 기술점수를 동시에 고려해야 하고 일정 수준 이하의 기술능력 보유, 제안 업체를 제한하는 경우
- 시공자의 공기 단축 방안을 적용, 설계의 계획공기를 단축시키고 사업특성이 반영된 공사 관리 계획, 사업수행조직 등이 포함된 기술제안서 평가가 요구되는 경우

2) 실시설계 기술제안입찰 시행 조건

- VE 및 LCC 적용을 통해 공사비 절감 및 유지 관리 효율성을 높여야 하는 경우
- 시공자의 공기 단축 방안을 적용하여 계획공기를 단축시키고 사업특성이 반영된 공사 관리 계획, 사업수행조직 등이 포함된 기술제안서 평가가 요구되는 경우
- 공사 수행의 효율성 및 창의성 유도 측면에서 가격과 기술점수를 동시에

고려해야 하는 경우

- 기타 일정 수준 이하의 기술능력 보유, 제안 업체를 제한하는 경우

[그림 17]
기술제안입찰의
종류 및 추진
절차

입찰 절차	기본설계 기술제안입찰	실시설계 기술제안입찰

입찰방법 심의	· 중앙건설기술심의위원회 심의
	   – 기본설계 전 심의 의뢰
	· 필요시 기본설계 후 심의 의뢰 가능
		· 중앙건설기술심의위원회 심의
		   – 실시설계 후 심의 의뢰

PQ 적용 여부 판단 및 심사	· 건설산업기본법 등 등록자 · 설계용역업자 · PQ 적용 여부 결정	· 건설산업기본법 등 등록자 · PQ 적용 여부 결정
입찰서 등 제출	· 입찰서 · 기술제안서(VE, LCC 등)	· 입찰서 · 기술제안서(VE, LCC 등) · 산출내역서(직접 작성)
중기위 등 심의	· 기술제안서 · 실시설계서(실시설계 적격자 제출) · 설계자문위원회의 심의 가능	· 기술제안서 · 설계자문위원회의 심의 가능

낙찰자 선정	· 기술제안점수 상위 업체 선정
	· 기준적합최저가 방식, 가중치 방식
	   가격조정입찰, 기술조정점수 방식
	   확정금액/최고제안 방식
	   실시설계 적격자 선정
	· 실시설계서 심의 및 적격 판정
	· 낙찰자 선정 및 계약 체결
		· 기술제안점수 상위 업체 선정
		· 기준적합최저가 방식, 가중치 방식
		   가격조정입찰, 기술조정점수 방식
		· 낙찰자 선정 및 계약 체결

4.4.2 국외 기술형 입찰(Best Value)

1990년대 후반부터 전 세계적으로 최저가 낙찰제를 대신하여 최고 가치(Best Value) 낙찰제의 도입이 확산되고 있다. 그 배경에는 최저가 낙찰제를 통해 시공비를 낮추더라도 유지 관리비나 수명 주기가 짧은 시설물을 양산하게 된다면, 투자 효율성을 확보하기 어렵고, 시설물의 설계에서 시공, 유지 관리 및 최종 폐기 시점에 이르기까지의 비용을 모두 합한 총생애주기비용은 더 높기 때문이다.

최고 가치(Best Value) 낙찰 방식은 낙찰자 선정 기준과 절차가 입찰 가격 외에 품질, 기능, 혁신성, 리스크 관리, 사업 조직 등과 관련한 복합적인 비가격요소를 종합적으로 평가하여 점수화하고, 가

장 높은 점수를 얻은 입찰자를 발주자에게 최고 가치(Best Value)를 제공하는 것으로 평가하여 낙찰자로 선정하는 제도라고 볼 수 있다.

구체적인 입찰자 평가 방법의 차이는 있지만, 국외의 최고 가치(Best Value)에 대한 논의에서 공통적인 것은 최저 가격 입찰자가 언제나 발주자에게 투자효율성이나 최고 가치를 제공해준다고 볼 수 없기 때문에 "입찰가격만으로 낙찰자를 선정해서는 안 된다"는 내용을 포함하고 있다. 그림 18과 같이 국외의 최고 가치 낙찰제는 최고 가치 평가항목(Best Value evaluation criteria), 최고 가치에 의한 평가점수 산정 시스템(Best Value evaluation Rating system), 낙찰 알고리즘(Best Value award algorithms)으로 구성되어 있다.

중요한 점은, 국외 입찰 시스템을 국내에서 도입하여 사용하기 위해 국외의 입찰 제도와 시스템의 연구도 정확히 해야 하지만, 국외 입찰 환경을 연구하는 것이 무엇보다도 중요한 것이다. 국외에서는 입찰 전문가가 입찰 분야에만 평생을 종사하여 입찰하려는 프로젝트 특성을 정확히 파악할 수가 있으므로 각 프로젝트마다 여러 가지 다른 입찰제도를 혼용하여 적용하는 방식으로 최선의 낙찰자를 선정하고 있다는 것이 국외 입찰 환경에서 우리가 배워야 할 것이다.

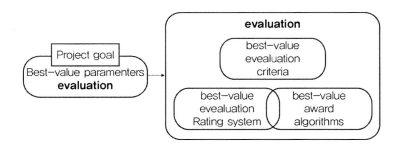

[그림 18]
국외 기술형
입찰의 개념

chapter 05

입찰 절차

계약자 선정 방식이 결정되면 발주자는 여러 매체를 통해 입찰공고(현상설계의 경우 설계공모)를 한다. 수의 계약이나 지명에 의하여 경쟁하는 경우에는 별도의 입찰공고 없이 해당 업체에 시담이나 지명경쟁 입찰에 참가하도록 통보한다.

5.1 공고(Bid Advertisement) 매체

입찰의 공고는 신문·전문잡지에 게재하거나, 직접 입찰희망자에게 입찰초청장을 보내어 알리게 된다. 근자에는 인터넷이 상용화됨에 따라 입찰공고부터 입찰 및 계약에 이르는 모든 프로세스는 전자적으로 집행된다. 나라장터(www.g2b.go.kr, 국가 종합전자조달 시스템)는 공공사업의 입찰 및 낙찰과 계약이 이루어지는 대표적인 사이버 입찰 및 계약 공간으로 입찰 및 계약의 전 프로세스가 동 사이트에서 전자적으로 처리되고 있다.

공공공사의 경우 입찰공고로부터 낙찰자 결정과 계약에 이르는 전체 프로세스는 다음 그림과 같이 도식으로 표현할 수 있다.

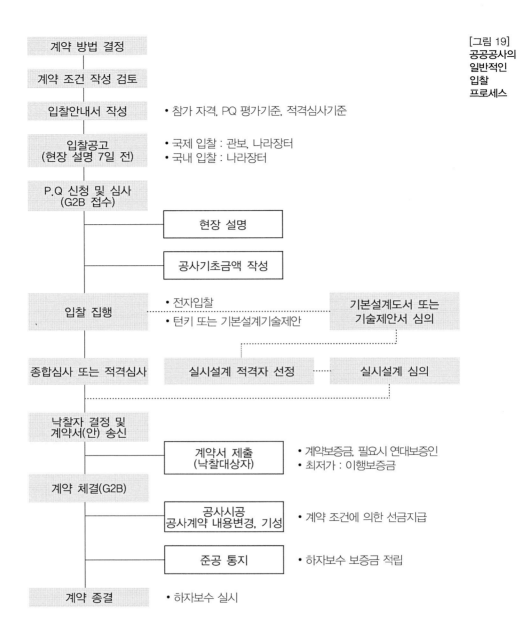

[그림 19]
공공공사의
일반적인
입찰
프로세스

계약 방법 결정

계약 조건 작성 검토

입찰안내서 작성 • 참가 자격, PQ 평가기준, 적격심사기준

입찰공고
(현장 설명 7일 전)
• 국제 입찰 : 관보, 나라장터
• 국내 입찰 : 나라장터

P.Q 신청 및 심사
(G2B 접수)

현장 설명

공사기초금액 작성

입찰 집행
• 전자입찰
• 턴키 또는 기본설계기술제안

기본설계도서 또는
기술제안서 심의

종합심사 또는 적격심사 | 실시설계 적격자 선정 | 실시설계 심의

낙찰자 결정 및
계약서(안) 송신

계약서 제출
(낙찰대상자)
• 계약보증금, 필요시 연대보증인
• 최저가 : 이행보증금

계약 체결(G2B)

공사시공
공사계약 내용변경, 기성
• 계약 조건에 의한 선금지급

준공 통지 • 하자보수 보증금 적립

계약 종결 • 하자보수 실시

5.2 입찰공고(Instruction to Bid)

입찰공고에는 입찰에 참가하려는 자가 필요로 하는 모든 정보가

포함되어야 하는데 그 주요 내용은 다음과 같다.

- 입찰에 부치는 사항: 사업명, 목적, 규모, 사업비, 사업 기간
- 발주 주체
- 발주기관의 담당자 정보: 전화, 이메일 주소
- 입찰 마감일, 개찰 장소, 일시, 입찰서 변경 및 철회에 관한 제한 사항
- 공사입찰의 경우 현장 설명의 장소·일시·참가 자격
- 입찰의 성격, 대안입찰 허용 여부 및 주의사항
- 낙찰자 결정 방법
- 입찰 등록
- 입찰보증 및 보증요구액, 보증방법
- 이행보증 및 보증요구액, 보증방법
- 지불조건
- 입찰에 관한 서류의 열람·교부장소 및 구입비용
- 추가정보를 입수할 수 있는 기관의 주소 등
- 공동도급에 관한 사항
- 입찰 참가 자격 : 면허, 등록, 인허가 내용
- 입찰 시 유의사항
- 각종 계약 조건

전자 입찰의 경우 전자 입찰서의 투찰 및 마감일자는 입찰공고서 상에 명시하게 되는데, 공공공사의 경우 일반적으로 전자개찰일 3일 전 0시부터 개찰 1시간 전까지 투찰을 허용하고 있다.

5.3 입찰서류(Tender Documents)

입찰에 참여하고자 하는 자가 제출하여야 할 서류는 입찰공고서에

명시되는데 표준적인 입찰서류는 다음과 같다.

- 입찰서(Tender Form)
- 위임장
- 입찰보증서
- 입찰조건준수 확인서
- 공동도급 협정서

전자 입찰의 경우 모든 입찰서류는 전자적으로 제출 및 접수되어 문서형태의 서류를 제출하지는 않게 되며, 입찰에 참여하는 업체는 지정공인 인증기관으로부터 인증서를 발급받아 입찰에 인증서를 이용하여 입찰에 참여하게 되므로 별도의 위임장도 제출하지 않는다.

공동도급 협정서의 경우에도 각 공동수급체의 구성원이 전자 시스템을 통하여 출자비율 또는 분담내용을 확정하는 것으로 공동도급 협정서의 제출에 갈음하게 된다.

5.4 무효입찰 및 재입찰

입찰공고 등에 정한 낙찰조건에 적합하여 계약을 체결할 자로 결정된 자를 낙찰자라 한다. 발주자는 결정된 계약 방식에 따라 입찰 적격자를 결정하고 개찰에 의해 낙찰자를 결정하게 된다. 경쟁입찰 참가의 자격이 없는 자가 한 입찰 등은 입찰 무효로 처리하게 되는데, 입찰의 무효 사유는 크게 입찰공고에 명시된 절차를 위배하여 입찰한 경우에 의한 것(절차상 하자)과 입찰 자격이 없는 자가 입찰한 경우(내용상 하자)로 분류된다.

5.4.1 절차상 하자에 의한 것(Non-Responsive)

① 납부 일시까지 소정의 입찰보증금을 납부하지 않은 입찰
② 정해진 일시까지 입찰서가 도착하지 않은 경우
③ 입찰 관련 서류가 미비한 경우 등

5.4.2 내용상 하자에 의한 것(Non-Responsible)

① 법령상 요구되는 면허 등을 필하지 아니한 자의 입찰
② 제한 경쟁입찰의 경우 발주자가 요구한 실적, 기술을 보유하지 않은 자의 입찰

낙찰선언을 받은 낙찰자는 낙찰통지를 받은 후 소정의 기일이내에 계약을 체결하게 된다. 이 경우 낙찰자가 정당한 이유 없이 계약을 체결하지 아니하는 때에는 낙찰취소가 되며 입찰보증금이 몰수되고 부정당업자 제재가 부여된다. 다만 입찰에 의하여 적정한 낙찰자를 선정하지 못할 경우에 재입찰에 의하게 된다. 아래는 대표적인 재입찰의 사유이다.

• 2인 이상의 유효한 입찰자가 없거나 낙찰자가 없는 경우
• 모든 입찰에 결격 사유가 있는 경우(자격 미달, 동일인이 입찰서를 2부 이상 제출, 입찰보증금 미납부 등)
• 모든 입찰이 정해진 예정가격을 초과하는 경우
• 입찰자 간에 공모, 담합을 하거나 타인의 입찰을 방해한 경우

5.5 계약서

발주자와 계약상대자, 사업명 및 계약금액을 명시한 서식이다. 다음은 공공공사에 표준적으로 사용되는 계약서 서식이다.

| 공사도급 표준계약서 | 계약번호 |
| | 공고번호 |

계약자	발　주　자	
	계　약　자	
	연　대　보　증　인	

계약 내용	사　업　명	
	계　약　금　액	
	계　약　보　증　금	
	사　업　현　장	
	지　체　상　금　율	
	물　가　변　동　시 계약금액조정방법	
	착　공　년　월　일	
	준　공　년　월　일	
	기　　　　　　타	

하자담보 책임 (복합공종의 경우 공종별로 구분기재)

공종	공종별 계약금액	하자보수보증금율(%) 및 금액	하자담보책임 기간
		(　　)％　금　　　　원정	
		(　　)％　금　　　　원정	
		(　　)％　금　　　　원정	

발주자와 계약자는 상호 대등한 입장에서 붙임의 계약문서에 의하여 위의 사업에 대한 공사 도급계약을 체결하고 신의에 따라 성실히 계약상의 의무를 이행할 것을 확약하며, 연대보증인은 계약자와 연대하여 계약상의 의무를 이행할 것을 확약한다. 이 계약의 증거로서 계약서를 작성하여 당사자가 기명날인한 후 각각 1통씩 보관한다.

붙임 : 1. 공사입찰유의서
　　　 2. 공사계약일반조건
　　　 3. 공사계약특수조건
　　　 4. 설계서
　　　 5. 산출내역서

　　　　　　　　　　　　　　　발　주　자　　　　　인
　　　　　　　　　　　　　　　계　약　자　　　　　인
　　　　　　　　　　　　　　　연대보증인　　　　　인

5.6 입찰유의서

입찰에 참가하는 자가 입찰 참가 신청 또는 입찰 시 숙지하여야 할 사항을 정한 문서로서 계약문서의 일부가 된다. 입찰유의서에 포함되는 내용은 다음과 같다.

- 입찰 참가 신청 방법
- 입찰 참가 자격의 판단 기준일
- 입찰에 관한 서류
- 현장 설명
- 입찰 보증금에 관한 사항
- 입찰서의 작성·제출 등 입찰에 관한 사항과 입찰무효 및 재입찰
- 낙찰자의 결정 및 계약 체결
- 계약 이행보증
- 부정당업자의 입찰 참가 제한
- 기타

5.7 계약 조건

계약 조건은 당해 계약대상자의 권리와 의무·업무의 범위 등을 구체적으로 명시한 것이다. 우리나라의 건설협회, 대한건축사협회 등에서 표준 계약 조건을 제공하고 있다. 특히 국가나 지방자치단체에서 발주하는 공공사업의 경우에는 '공사계약일반조건', '기술용역계약 일반조건'이 표준서식으로 정해져 있고, 발주자는 사업별 특성에 맞게 계약특수조건을 추가적으로 작성하여 사용하게 된다. 미국의 경우 American Society of Civil Engineers(ASCE), The American Institute of Architects(AIA), Construction Management Association of America(CMAA) 등의 단체에서 표준 계약서를 제공하고 있다.

5.8 설계서

　설계서는 도면과 시방서, 현장설명서 그리고 산출내역서로 이루어진다. 계약금액을 구성하는 공종별 목적물 물량에 대한 계약단가를 기재하여 작성한 내역서를 산출내역서라 한다. 산출내역서는 일반적으로 공종, 규격, 단위, 수량 및 단가로 되어 있는데 도면과 시방에 의해 설계자가 작성한 산출 내역서는 입찰을 실시하기 위한 예비 금액을 산정하기 위해 작성된다. 내역에 의한 입찰의 경우 입찰자가 작성하여 입찰 시 제시한 산출내역서는 설계서의 일부로서 계약문서가 된다. 반면 도면과 시방에 의해 총액에 대해서만 입찰하게 되는 총액 입찰의 경우의 입찰자는 입찰 시 내역을 제출하지 않게 되므로 계약문서에서 제외된다.

　내역서에 적용되는 단가는 건설기술연구원에서 발행하는 표준품셈과 시중의 자재 거래실례 가격, 과거 수행된 공사로부터 축적된 계약단가, 입찰단가, 시공단가에 매년의 인건비, 물가상승률 그리고 시간·규모·지역차 등에 대한 보정을 실시하여 산출한 가격(표준시장단가)에 의하여 산출된다.

　설계 등의 용역금액을 산출하는 방식은 용역에 투입될 인력의 인건비에 각종 관리비를 더하여 산정하는 실비 정액에 의한 방식과 공사비에 정해진 요율을 곱하여 용역비를 산정하는 공사비 요율 방식의 두 가지로 나뉜다.

5.9 현장설명서

공사입찰을 하는 경우에 입찰일 전에 현장 설명을 실시한다. 동 제도는 입찰에 참여하고자 하는 업체로 하여금 당해 공사의 특성, 현장 상태 및 설계서등을 파악하도록 하기 위한 제도이다. 현장 설명 시에 현장 설명서를 배포하게 되는데 현장 설명에 참가하지 않은 업체의 경우는 입찰일까지 현장 설명서를 열람 또는 교부받을 수 있다.

현장 설명서는 시공에 필요한 현장 상태 등에 관한 정보 또는 산출내역서의 단가에 대한 설명서등을 포함하고 있어 업체가 입찰가격 결정 시 고려해야 할 사항을 제공하는 문서로서 계약 문서의 일부가 된다.

5.10 과업수행서

공사계약의 경우 도면·시방서·현장설명서·산출내역서로 이루어지는 설계서에 의해 공사를 시공하여 최종 계약 목적물이 완성되지만 설계 등 용역의 경우는 과업의 수행 프로세스가 계약의 주 목적물이 된다. 설계 등 용역계약의 경우에는 계약자가 수행해야 할 업무를 명시한 과업수행서는 계약문서로서 효력을 갖게 된다. 따로 과업수행서를 만들지 않는 경우 계약 조건에 업무내용을 구체적으로 명시하기도 한다.

▌연습문제

1. 공사입찰 프로세스 중 입찰 참가 자격 사전심사(Pre-Qualification)와 적격심사 (Post-Qualification/Bid Evaluation)의 심사 방법과 심사 목적을 설명하시오.

2. 공사계약은 설계와 시공을 분리하여 계약하는 방식(Design-Bid-Build)과 설계와 시공을 일괄하여 단일 업체와 계약하는 방식(Turn-Key 또는 Design-Build)으로 나눌 수 있다. 두 가지 계약 방식의 장단점을 설명하시오.

3. 입찰 무효의 사유를 절차상 하자에 의한 것과 내용상 하자에 의한 것으로 나누어 설명하시오.

참고문헌

1. 김미연, 김호정, 「미국의 디자인빌드 설계 용역 계약에 관한 연구」, 대한건축학회 논문집 – 계획계, 25(2), 2009, 115-122(p.8).

2. 김옥규 외, 『건설관리학』, 사이텍미디어, 2006, pp.40~56, '선행 저서로 일부 내용이 인용된 부분이 있음'.

3. 김옥규, 이태원, 김태희, 「기술제안 입찰제도의 현황과 발전방안」, 발표자료, 구매조달학회, 2010. 10.

4. 김호정, 「디자인빌드(Design-Build)와 턴키(Turnkey)계약의 법률적 쟁점과 리스크 할당방식에 관한 이론적 연구」, 대한건축학회 논문집 – 계획계 26(8), 2010, 2010.8, 79-86(p.8).

5. 박준기, 『건설계약관리론』, 건설신문, 2007.

6. 전진구, 김옥규, 『건축시공학』, 구미서관, 2014. 1.

7. 현학봉, 『계약관리와 클레임』, (주)씨플러스인터내셔널, 2012.

8. 현학봉, 박형근, 「FIDIC 계약조건에 적용되고 있는 유보금의 적정성에 대한 연구」, 대한토목학회논문집, 38(3), 2018, 497-503(p.7).

9. 한미글로벌, 『Construction Management A to Z 2nd EDITION』, 보문당.

10. Alhazmi, T.; and McCaffer, R., "Project Procurement System Selection Model", *ASCE Journal of Construction Engineering and Management,,* Vol.126, No.3, 2000.

11. Beard, J. L.; Loulakis, M. C.; and Wundram, E. C., *Design Build, McGraw-Hill, INC.,* 2001.

12. CMAA, 2002 CM Standards of Practice.

13. Kramer, Scott; and White-McCurry, Natasha, "Prequalification of Bidders for Public Works Projects", *ASC Proceedings of the 38th Annual Conference,* April 2002, pp.281-292.

14. NEC*4 Products/Contracts, 2017.

15. Sweet, Justin, *Legal Aspects of Architecture, Engineering and the Construction Process, An International Thomson Publishing Company,* 2000.

16. www.moleg.go.kr, 국가를 당사자로 하는 계약에 관한 법령 – 건설산업기본법령 – 건설기술관리법령.

17. www.g2b.go.kr 나라장터.

part II

클레임 관리

조영준

chapter 01

클레임의 개념

건설공사에서 클레임은 피할 수 없는 업무 중 하나이다. 비트루비우스는 지금부터 2,000년 전인 로마의 옥타비아누스황제 시대 때 그의 저서인 건축십서(The Ten Books on Architecture) 중 제1서에 이미 건물은 준공될 때 분쟁요소가 생기지 않도록 건물의 착공 전에 미리 계약서의 작성 단계에서 선견지명을 갖고 법적 배려를 해주어야 한다고 하면서 계약서 작성이 적절하게 되어 있지 않을 경우 상호 간에 손실만 가져오게 된다고 적시하고 있다.[1]

참고로 건축십서에서 말하는 건축은 오늘날 우리나라에서 통용되는 건축의 의미가 아니라 건설로 봐도 무방할 것 같다. 이미 2,000년 전 로마시대에도 강조하였고, 해외에서는 보편화되고 있는 클레임에 대비하기 위한 계약 관리 업무가 국내에도 정착되어야 할 것으로 보인다.

한국건설기술연구원에서는 1994년부터 건설시장 개방에 대비하여 건설클레임과 분쟁 예방에 관한 연구[2]를 해왔다. 그러나 이때까지만 해도 우리나라에서 실제로 건설클레임이 제기되지 않았기 때문에 이론적인 접근만 이루어져 왔다. 이후 연구원에서는 건설계약에 대한 연구를 진행해왔다. 그런데 우리나라에서 설계시공일괄계약으로 시공 중에 있던 6개의 건설회사가 1998년 2월 모 발주자를 상대로 3,000억 원에 달하는 건설클레임을 제기하였다. 이때부터 우리나라

---

1) Vitruvius, The ten books on Architecture(M. H. Morgan 영역, 오덕성 국역, 기문당, 서울, 1999, 제1서 제1장 10문단.
2) 한국건설기술연구원(연구책임자 조영준), 건설시장개방에 대비한 분쟁 및 클레임방지대책에 관한 연구, 1994 참조.

에서 건설클레임이 수면 위로 부상하게 되어 본격적으로 논의되면서 건설클레임 및 분쟁과 관련한 개념이 함께 논의되었다.

실제 우리나라에서 1998년부터 공공기관 발주자를 상대로 클레임을 제기한 24개 건설현장(클레임 건수 32개)을 대상으로 클레임 종류별-클레임 금액, 발주기관별-클레임 금액, 발주기관별-클레임 건수, 입찰 종류별-클레임 건수, 클레임 제기 형태별-클레임 건수로 분석한 결과 클레임 제기 금액은 전체 계약금액의 26.84%를 차지하고 있었다.[3]

이와 같은 클레임은 계약당사자 일방의 잘못이나 실수를 지적하는 것이 아니라 일의 결과나 진행에 대하여 당연히 발생할 수 있는 사항에 대한 정상적인 청구행위임을 인식할 때, 계약당사자 모두 적극적인 방법으로 건설클레임이나 분쟁을 해결해야 한다.

본 장에서는 건설클레임이란 무엇인지, 어떻게 건설클레임을 제기하게 되는 것인지, 건설클레임이 발생했을 때 어떻게 해결하는지 등에 대해 살펴보고자 한다.

1.1 클레임의 정의

클레임이란 권리의 주장이나 구제를 위한 요구[4]라고 보고 있다. 그리고 클레임은 권리를 주장하는 것, 청구권, 권리[5]로 보는 경우도 있다. 이와 같이 클레임은 권리의 주장, 청구권의 행사 등을 의미하는 법률용어이다. 권리나 청구권은 법률 및 당사자 간의 계약서에 기초하는 객관적인 성질의 것이므로 일반 당사자의 막연한 피해감정에

---

3) 조영준, 현창택, 공공건설사업에서 업무단계별 클레임준비 절차, 제2회 한국건설관리학회 학술발표대회 논문집, 2001, pp.54~56.
4) Oxford Dictionary Law, 4ed, Oxford Press Center, 1997. Claim : Demand for a remedy or assertion of a right.
5) 이상도, 영미법사전(Anglo-American Law Dictionary), 청림출판, 1997.

입각한 불평 및 불만과는 다르다. 이러한 일반적인 불평, 불만 등을 통칭하여 complaint라고 하는데, 그 가운데서도 객관적인 근거와 구체적인 청구를 수반하는 것만이 클레임(claim)이라고 할 수 있다. 일반적으로 인식되고 있는 '클레임'이라는 용어는 부정적인 의미, 즉 계약당사자 일방의 협의요청이 상대방으로부터 무시되는 경우 이를 관철시키기 위한 수단으로서 추가로 제기되는 요청 또는 행위, 그리고 그러한 행위의 결과로 발생한 분쟁까지를 의미하는 것처럼 인식하는 경우가 많으나 클레임은 분쟁 이전 단계인 모든 요청과 협의 단계를 의미하고 있다. 그러나 이는 일반 법률적인 개념에서 건설클레임을 보는 것이므로 복잡한 계약유형을 띠는 건설계약에 바로 적용하기에는 다소 무리가 있다.

미국 연방조달규정(FAR 제33.2조), 미국 AIA(미국건축사협회)의 건설용어해설서,[6] 미국 CMAA(미국건설관리협회)의 CM 업무안내서[7] 등의 클레임에 대한 사항을 살펴보면 다음과 같은 내용으로 요약할 수 있을 것으로 판단된다.[8]

- 제기 주체 : 계약당사자 일방에 의할 것
- 제기 범위 : 계약에 의하여 또는 계약과 관련할 것
- 제기 내용 : 계약조항의 조정이나 해석, 금전의 지급, 기간의 연장, 기타 구제 추구 등의 사항일 것
- 제기 방법 : 문서상의 요구나 주장일 것

국내 계약 조건 등의 규정에서는 클레임이라는 용어를 사용하지 않고, 회계예규 공사계약 일반조건 제51조(분쟁의 해결)에 의거 '분쟁'이라는 용어가 사용되고 있으며, 분쟁 이전 단계로서의 클레임에

---

6) AIA, Glossary of Construction Industry Terms, 1991.
7) CMAA, Standard CM Services and Practice, 1993.
8) 조영준 외 5인, 건설경영공학, 2004, p.505.

대한 규정은 없다.

최근 일부지방자치단체 및 공공발주기관에서 분쟁 이전 단계인 클레임 제기 절차를 규정하거나 클레임 처리 방법을 계약문서에 규정하는 경우가 늘어가고 있는 추세이다.

1.2 건설클레임의 분류

건설공사는 그 속성상 피할 수 없는 리스크(risk) 요소를 가지고 있으며, 이러한 리스크 요소에 따라 건설 프로젝트에서 클레임을 유발하는 원인은 다음과 같다. 건설공사의 복잡성으로 인한 사전 예측의 불확실성, 미래 상황에 대비한 완전한 계약의 불가능성, 공사 과정에서의 참여자 간의 이해관계 상충성에 근거하여 발생한다.[9] 또한 적절하지 못한 입찰 정보, 불충분한 입찰 준비 기간, 입찰 전의 부적절한 현장조사, 장비 및 자재 공급의 차질, 공사량의 증가, 사업 관리의 행위, 설계도서, 장비 혹은 자재상의 문제로 인한 공사 중지, 공해가 심한 지역이나 교통이 복잡한 곳에서의 시공, 공사 진행의 독촉, 시공내용에 대한 저평가를 원인으로 발생한다고 구분되기도 한다.[10]

또한 건설클레임은 그 발생 원인만큼이나 유형도 분류 기준에 따라 다양하므로 획일적으로 분류하는 것은 어려우나 본 장에서는 크게 계약문서에 근거한 클레임, 계약 위반 클레임, 법령에 규정된 의무 위반 클레임, 호의적인 클레임 정도로 구분[11]하고 있다. 왜냐하면 불법행위로 인한 클레임(Tort Claims)은 계약과는 무관하게 제기할 수 있는 클레임이기 때문에 계약의 내용에 포함되지 않는 것으로 볼

9) Vorster , Mike C., Dispute Prevention and Resolution, Construction Industry Institute, 1993, pp.7~8.
10) George F. Jerges & Fr ancis T. Hartman., Journal of Construction and Management, Vol.120, 1994, p.553.
11) 조영준, 최신 건설사업 계약 및 클레임 관리, 도서출판 신성, 서울, 2005, pp.155~156.

수도 있으며, 이는 분쟁 해결 과정에서도 本案 항변에 문제가 될 가능성이 있기 때문이다.[12]

---

12) 조영준 외 5인, 앞의 책, 2004, p.506.

chapter 02

건설클레임의 종류 및 내용

2.1 계약문서에 근거한 클레임(Contractual Claims)

건설현장에 발생하는 대부분의 클레임은 계약문서에 근거한 클레임이다. 계약당사자가 클레임에 대하여 어떠한 권리를 갖고 있는지, 어떻게 조치해야 하는지를 분석하는 업무가 필수적이다. 현행 우리나라의 공사계약 일반조건에서 시공자에게 손실을 보상하도록 규정하고 있는 조항은 공사용지의 확보, 관급자재 및 대여품의 대체 사용, 발주자의 사정으로 인한 야간작업 및 휴일, 설계 변경 등, 물가변동(지수조정률 또는 품목조정률), 기타 계약내용(운반거리, 공사기간 등)의 변경 등이 있으며, 구체적인 계약내용은 사정에 따라 변경될 수 있다.

2.2 계약 위반 클레임(Claims for breach of contract)

계약 위반 클레임은 상대방에 의한 계약 조건의 위반으로 인한 손해를 말한다. 영미법권의 경우 명시적 계약 조건(Expressed Term)이나 묵시적 계약 조건(Implied Terms)과는 상관없이 계약을 위반한 사실이 인정되면 클레임을 제기할 수 있다. 즉, 클레임은 보통법 원칙(Common Law Principles)에 따라 청구할 수 있는 것이다.[13]

---

13) Vincent Powell-Smith, Douglas Stephenson, Civil Engineering Claims, 2ed, Blackwell Science, 1994, p.3.

계약문서에 표기되는 명시적 계약 위반과 관련해서는 이해하기가 쉬우나, 묵시적 의무란 계약에는 명시되지 않으나 계약에 포함된 것으로 간주되는 의무인데, 이와 관련해서는 다양한 종류의 견해와 그에 따른 법이 있기 때문에 특징지어 정리하기 어렵다.

명시적 계약 조건에 의한 클레임은 계약클레임에 흡수되기 때문에 계약 위반 클레임은 묵시적 계약 조건을 위반함으로 인해 계약당사자 일방에게 손해가 발생할 경우 제기하는 클레임으로 이해해야 한다. 건설공사에서 대표적으로 인정되고 있는 묵시적 계약 조건의 내용을 몇 가지 살펴보면 다음과 같다.[14], [15]

- 발주자에 의한 방해 행위가 없을 것
- 발주자가 적기에 공사용지를 확보해 인도할 것
- 지시나 정보가 적기에 발급(Issue)될 것
- 시공자는 성의를 다하여 시공에 임할 것
- 자재는 용도에 적합해야 하고, 품질이 좋을 것
- 시공자는 발주자가 제공한 도면과 지시에 따라 시공할 경우 시공자는 결과에 대해 책임이 없을 것
- 발주자는 입찰가격에 영향을 줄 수 있는 모든 정보를 알릴 것
- 불분명한 표시가 있고, 이로 인해 손해가 발생할 경우 대가를 지급할 것

2.3 법령상의 의무 위반 클레임
(Claims for breach of Statutory Duty)

일반적으로 법령은 건설계약당사자들에게 책임과 의무를 부담시

---

14) 조영준, 건설계약관리-이론과 실무, 한올출판사, 서울, 2010, p.198.
15) 현학봉, 현학봉, 건설공사 계약관리와 클레임 – FIDIC 개정판 및 공사계약일반조건을 중심으로, 일간건설신문, 서울, 2003, pp.380~381 참조.

키고 있으며, 우리나라도 예외는 아니다. 어떤 법령이 만들어지게 되면 법령 그 자체가 클레임 제기자에게 구제조치를 제공하기 때문이 아니라 클레임을 제기당하는 자가 그 법령을 준수해야 할 일반적인 의무가 있기 때문에 클레임이 제기된다. 환경 관련법과 공공시설물 관련법은 건설과 직접 연관성이 있기 때문에 클레임을 만들어낼 가능성이 많다.

우리나라의 예를 든다면, 당초의 폐기물 관리 법령에서는 공사현장에서 발생하는 폐기물을 일반토사와 같이 처리하도록 하였다가 법령이 변경되어 폐기물을 법에 따라 처리해야 하는 경우 시공자에게 추가비용이 발생할 수 있다.

2.4 호의적인 클레임(Ex gratia Claims)

호의적인 클레임은 Mercy Claims이라고 불리기도 한다. 통상적으로 이는 시공자가 클레임을 제기하는 것이고, 발주자는 이에 응할 필요성은 없으나, 공사계약의 특수성이나 계약당사자 간의 이해관계 등을 고려하여 응하는 클레임을 말한다.

예를 들어, 전체 사업이 선형으로 구성되어 있고, 구간별로 나누어 발주한 경우, 공사 마무리 단계에서 그중 1개 공구를 담당한 시공자의 손실이 막대하여 공사의 이행이 불가능해지는 경우를 고려할 수 있다. 만약 시공자에게 부도가 발생하여 공사를 할 수 없는 상황이 될 경우 발주자는 연대보증인이나 이행보증인을 투입하더라도 자신이 원하는 시점에 전체 선형을 개통할 수 없게 되는 상황이 발생할 수 있게 된다. 이때 시공자의 클레임이 있을 경우 발주자는 시공자의 손실을 일정 부분 보상(Ex gratia Payment)해줌으로써 적기에 공사를 완성시키도록 하게 된다.

실제 영국의 공공공사 계약 조건(GC/Works/1, 3ed)의 제56.1조에 의하면 발주자는 언제든지 계약을 해지할 수 있다. 이때 시공자의 책임아닌 사유로 계약을 해지하면 제58.4조에 따라 발주자는 호의적인 지급을 결정할 수도 있다.[16]

---

16) Powell-Smith, Stephanson, 앞의 책, p.10.

chapter 03

클레임의 준비

공사의 수행 단계에서는 당초 계약문서를 대상으로 체결된 계약내용의 면밀한 검토와 수행에 따른 적용 규정 등을 충분히 검토하는 계약 관리(Contract Management) 행위가 필요하게 되며, 클레임 발생이 필연적이라는 인식하에 현재 진행되는 수행 단계에 대한 면밀한 검토와 각 단계별 발생 사안에 대한 문서화가 가장 중요하다고 할 수 있다. 계약 관리란 '요람(계약 체결 단계 : 계약의 시작)에서 무덤(하자보증 단계 : 계약의 종료)까지 건설공사 계약의 전 생애에 걸쳐 합리적인 계약 이행을 추구하여 계약당사자의 이익을 보호하기 위한 경영 관리'라고 할 수 있다. 계약 관리의 목적은, 발주자에게는 정확한 계약목적물의 완성을, 계약상대자에게는 계약의 이행에 따른 정당한 대가를 추구하는 것이다.

클레임은 통상적으로 시공자가 제기하는 경우가 대부분이고 결과적으로 공사비의 증액이나 공기의 연장 등의 요구로 귀결되는 점을 감안하면 클레임 사안에 대한 요구사항의 입증책임은 클레임 제기자인 시공자의 몫이 된다.

클레임 제기가 시공자의 정당한 요구라 할지라도 클레임이 제기되지 않는 한 계약내용의 변경 등은 발생할 수 없다. 따라서 시공자는 클레임 제기 여부를 결정해야 하는데, 이때 제기 여부를 결정하는 가장 중요한 근거가 되는 것은 계약적 권리(Contractual Right)가 있는지 여부가 명시된 계약문서이다.

시공자 클레임의 경우, 당해 사안에 대한 계약상의 권리를 입증할 책임과 최종 요구사항인 청구(증액 또는 보상금액)에 대한 타당성을 입증할 서류 준비가 되어 있어야 한다. 즉, 시공자는 손실 보상을 청구하기 위해 계약문서상의 권리가 있어야 하고, 계약상의 권리가 있어도 청구의 타당성(Entitlement)을 입증해야 한다.

시공자는 자신의 클레임 제기가 계약상의 어떤 권리를 근거로 하는가를 입증하기 위해, 당초 계약체결 시 계약문서 등에 기재된 자신의 모든 권리를 면밀히 분석하고 이에 대한 충분한 사전지식을 가지고 있어야 한다. 그리고 타당한 청구비용 등을 산정하기 위해 공사기간에 해당하는 각 시점별 단가 산정 근거자료 등 충분한 자료를 확보해두어야 할 것이다.

3.1 통지 의무(notice requirement)

시공자로서는 계약의 이행 중 자신의 계약적 권리에 변동을 발생시킬 수 있는 사안이 발생하였을 경우 즉시 이를 계약에서 정한 바에 따라 현장감독관이나 발주자에게 통지해야만 자신의 권리를 확실하게 보장받을 수 있게 된다. 통지시기를 준수하지 않음으로써 계약 조건에 의해 주어진 계약상대자의 권리를 상실하는 경우도 있다.

그리고 중요한 점은, 클레임 사유가 발생하였을 경우 시공자는 현장감독관이나 발주자에게 문서상의 통지를 해야 하며, 구두로 하였더라도 반드시 문서로 보완해야 제3자가 판단했을 때도 그 효력을 인정받을 수 있다.

물론 이러한 통지가 곧 클레임 제기를 의미하는 것은 아니지만 차후 클레임으로 진행되었을 경우 시공자로서는 계약상의 통지의무를 다한 것이 되므로 클레임의 사전절차로서는 충분하게 된다.

발생 초기에는 대수롭지 않은 문제로 여겨지는 사안이 계약이 이행되면서 중대한 위험(손실)요소로 발전할 가능성은 얼마든지 있을 수 있다. 이러한 통지시기의 준수와 통지의 문서화는 시공자로서는 간과해서는 안 될 문제이다. 또한 통지대상도 계약 조건 등에 엄격하게 구분하고 있으므로 준수하여야 한다.

시공자가 계약문서에 근거하여 통지를 하였음에도 불구하고 발주자나 책임감리원이 후속 공종이 이행될 수 있도록 적절한 조치를 취하지 아니하여 시공자에게 계약상 손해가 발생할 경우 시공자는 클레임을 제기할 수 있다.

우리나라의 경우 시공자가 설계 변경 사유가 발생하여 그 내용을 발주자나 현장감독관에게 통지할 때 모든 계약적 권리가 포함된 문서(설계 변경 사유, 변경된 공법, 설계 변경 단가, 수정된 도면, 수정된 상세도면, 공사에 대한 효가 등)를 제출해야 하는 것처럼 인식하는 경우도 있다. 그러나 여러 개의 공종이 동시에 진행되는 건설공사의 특성 및 발주자와 시공자와의 관계를 감안할 때 적기에 문서로 시공자의 모든 계약적 권리를 통지하는 것은 쉽지 않다.

참고로 FIDIC의 경우 통지문서는 시공자의 보상과 관련된 계약적 권리와 같은 구체적인 내용이 포함될 필요가 없으며, 단지 클레임을 야기한 사유나 상황에 대한 내용만 포함되면 된다. 클레임 의사가 통지되어야 하는 기간(인지일로부터 28일)은 건설공사의 특성을 고려할 때 매우 짧은 기간이 될 수 있으며, 그 기간 중에 정확한 권리를 확인하는 것이 가능하지 않기 때문이다.

따라서 클레임 의사 통지는 시공자가 클레임을 제기할 것이라는 의사만을 통지하는 수준으로 적합하며, 구체적인 계약적 권리와 보상내용에 대해서는 클레임 사유의 진행에 맞추어 입증되도록 규정되어 있다.[17]

---

17) 현학봉, 앞의 책, pp.388~389 참조.

3.2 자료 유지 및 입증
(record keeping and substantiation of claims)

클레임은 '사안에 대한 책임(liability)이 누구에게 있는가?'라는 문제와 '그에 상응하는 손실(quantum)이 어느 정도인가?'라는 문제로 요약될 수 있다.

설계 변경과 관련하여 통지 시기를 준수하지 못할 경우 통지 이전에 수행한 부분에 대해서는 설계 변경으로 인한 계약금액 조정 대상이 되지 않을 가능성이 높다.

계약에서는 공사감독관과 계약담당공무원에게 동시에 통지하도록 규정하고 있으나, 발주기관의 내부 규정에는 이를 반영하지 못하는 경우가 있다. 발주기관은 내부 규정을 공사계약 일반조건에 맞춰 수정하지 않을 경우 현장에서는 통지 절차와 관련된 분쟁이 발생할 수 있으므로 관련 문서나 규정을 통일시켜두어야 한다.

발주자가 업무를 지시할 경우에는 향후 설계 변경 사항이 될 수 있는지가 분명하지 않을 경우 시공자는 그에 대해 분명히 하도록 요구해야 하는데, 발주자의 지시사항에 대해 문서로 분명히 하지 아니할 경우 계약금액 조정을 하지 않을 수도 있기 때문이다. 따라서 시공자는 발주자나 책임감리원과 문서행위를 할 때 신중하게 하여 계약 기간 중 설계 변경이 되지 아니하는 경우까지 고려할 필요성이 있다.

그러므로 시공자는 계약 이행 중 계약적 권리에 변동을 유발시키는 사안 발생 시마다 자신의 권리를 입증할 수 있는 근거자료들을 확보·유지·관리하여야 하며, 이를 위해서는 체계적이고도 철저한 계약 관리가 필수적이다.

3.3 클레임의 청구 절차

건설계약에서의 클레임은 공사 수행 중 어느 일방의 조치 또는 미조치로 인하여 입은 손해에 대한 보상의 청구행위이다.

3.3.1 클레임을 야기한 사안에 대한 사전평가 작업

클레임을 청구하기 위해서는 우선 클레임을 야기한 사안에 대한 사전평가를 실시해야 하는데, 계약에 따라 보상이 가능한지 여부, 클레임의 성격, 현장에서의 클레임 추진 가능성 및 타당성 검토, 가능한 공기 연장 또는 보상금액의 개략 산출, 본사 차원의 클레임 추진 여부 결정 등의 작업이 이뤄지게 된다.

3.3.2 근거자료(evidence) 추적 및 확보 작업

본사 방침 혹은 현장소장의 직권에 의해 클레임을 제기하는 것으로 결정될 경우 공무담당자의 역할은 무척 바빠지게 된다. 통상적으로 시공자는 발주자와의 관계를 고려하여 공사가 마무리 단계에 도달할 시점에 클레임을 제기할 경우 설계 변경으로 인한 계약금액 조정 업무와 클레임 업무가 중첩되거나, 준공 업무와 클레임 업무가 중복될 가능성이 많다.

따라서 개인의 능력만으로 문제를 해결하고자 한다면 수많은 난관에 부딪히게 되는 경우가 많기 때문에 이때부터 본사에서 적극적으로 지원해야 효율적으로 클레임 업무를 진행해나갈 수 있다.

클레임의 성패는, 해당 사안에 대한 계약상대자의 권리를 어떻게 입증하느냐의 여부에 달려 있다고 볼 수 있으므로, 근거가 될 수 있는 제반서류를 추적하여 확보하여야 한다.

우선 건설현장에서는 대외문서, 대내문서 등이 있고, 공무 관리, 품질 관리, 안전 관리 등 클레임에 직접적으로 활용되는 문서와 제3자의 판단을 위해 참고자료로 활용될 수 있는 부속서류가 매우 많다.

그러므로 공무담당자는 클레임 항목을 기초적으로 열거하고 그와 관련된 문서들을 체계적으로 조사·수집하여 정리할 필요성이 있다. 이러한 자료 중에서 사진으로 보여야 확실하게 제3자에게 호소력이 있다고 판단될 경우 사진자료까지 정리해야 한다. 만약 사진자료가 전자파일로 되어 있다면 검색이 쉽고 분실의 위험이 적으므로 클레임 제기 시 효율적으로 활용될 수 있다.

설계 변경 클레임을 제기할 것인지 아니면 공기 연장 클레임을 제기할 것인지에 따라 현장에서 준비해야 하는 서류는 달라진다. 설계 변경 클레임의 경우 원가계산에 의한 예정가격 작성 준칙에 따라 공사비를 산출하게 되는 방식이고 공기 연장의 경우 계약 관련 법령이나 기준에 따라 실비를 산정해야 하기 때문이다.

3.3.3 자료 분석 작업

현장의 공무기술자, 공무책임자, 기타 현장직원 및 현장소장이 공동으로 추적하고 수집한 제반 근거자료를 분석하여 클레임의 정당성을 검증하는 단계이다. 이때에는 제기하고자 하는 클레임이 계약문서에 의거 적절하고 타당한 것임을 입증할 수 있는지 여부가 쟁점사항이 될 수 있다. 즉, 계약문서에서 정해진 계약상대자의 권리가 충분히 합리적이고 타당하며, 클레임이 계약문서의 어떤 조항에 의거한 것인가를 정밀분석하는 단계이다. 이 단계에서의 핵심은 클레임을 제기하는 근거를 체계화하는 것이며, 증빙자료의 준비 여부에 따라 클레임제기 여부가 결정될 수 있다.

이때 사안이나 대상 자료의 특성에 따라 시계열적 접근(chronological approach), 키워드 접근(key word approach), 공정 관리 접근(scheduling approach), 비용 접근(the cost approach) 등 다양한 분석 방법 등이 사용될 수 있다.[18]

---

18) 현학봉, 위의 책, p.405 참조.

3.3.4 클레임 문서 작성

클레임 문서를 작성하는 데는 공학적인 기술적인 지식을 겸비한 전문가가 수행한다면 효과적일 수 있다. 물론 현장에서 현장소장이하 직원들과 본사의 지원인력이 공동으로 작성해도 된다.

우리나라의 현실을 비추어볼 때 시공자가 클레임을 제기하더라도 내용이 완벽하지 않다면 발주자가 이를 전체적으로 수용하는 경우는 희박하므로, 클레임 문서를 작성할 때는 후속적으로 진행될 중재나 소송을 염두에 두고 만들어야 한다.

클레임 문서 작성 시 현장에서 통상적으로 사용하고 있는 잘못된 용어를 그대로 사용할 경우 객관적으로 볼 때 청구 사유가 되지 않을 수 있으므로, 클레임의 후속 단계를 고려하여 전문적이고 체계적으로 작성할 필요성이 있다.

건설현장에서 발생되는 기술적이고 공학적인 문제에 대하여 시공자가 클레임을 제기할 수 있는 권리를 찾아내고, 이를 제3자가 보더라도 충분히 납득하여 대가를 지급할 수 있도록 하고자 한다면 합리성과 타당성을 겸비해야 할 것이다.

대부분의 시공자들은 수년간 건설현장에서 발주자나 책임감리원의 지시 및 요구에 따라 공사를 수행해왔기 때문에 자신만이 알고 있는 논리나 주관적인 의견을 제시하는 경우도 있다. 또한 한편으로는 계약문서상에 규정된 내용의 진정한 의미를 잘못 파악하여 주장하는 경우도 발생하게 되므로 현장 자체적으로 클레임 문서를 작성하더라도 가능한 한 외부 전문가의 도움을 받아 작성하는 것이 좋다.

개별 클레임 사유마다 적용되는 논리가 동일할 경우 적절하게 대분류하여 클레임 논리를 전개하게 되면 제3자가 보더라도 효과적으로 이해할 수도 있을 것이다.

클레임 문서를 작성하는 방법은 작성자에 따라 여러 가지 형태가 있을 수 있다. 그러나 발주자 또는 제3자가 가장 효과적으로 알아보기 쉽게 작성하는 것이 좋다.

chapter 04

건설클레임의 예상 효과

건설클레임이 활성화되고 공정한 계약풍토가 조성되면 건설산업 전반에 걸쳐 다음과 같은 긍정적 효과가 발생할 수 있을 것으로 판단된다.

첫째, 기술자의 전문능력이 배양되어 대충대충하는 마음이 사라져 책임시공이 이루어질 것이며 이로 인해 부실시공이 원천적으로 예방될 것이다.

둘째, 철저한 계약 관리를 통하여 불필요한 비용 낭비가 억제되고, 기술자들의 원가 관리 의식이 투철해져 업체의 이윤이 극대화될 수 있으며, 장기적으로는 고용안정의 효과를 유발할 수 있다.

셋째, 현장 업무가 계약당사자별로 책임관계가 명확하게 되어 불필요한 업무나 중복되는 업무가 감소되어 효율적으로 현장이 운영될 수 있다.

넷째, 건설현장을 둘러싼 규제로 인해 시공자가 클레임을 제기하게 되면 정부 또는 발주자는 클레임을 제기당하지 않기 위해 불필요한 규제를 개선하게 되어 투명한 건설현장 관리가 이루어질 수 있게 되며, 건설 참여 주체들이 신바람 나게 업무에 몰두할 수 있는 분위기가 조성될 수 있다.

다섯째, 발주자 및 시공자들이 계약 관리·클레임 전문가를 자체 육성하거나 아웃소싱하게 됨으로써 공정한 계약 풍토가 조성되고 계약문서의 수준이 향상될 수 있으며, 발주자 측면에서는 건설시장 개방의 폭이 확대되어 외국 업체와 계약하더라도 유연하게 대처하여 처리해나갈 수 있게 된다.

여섯째, 기술자들의 고유한 전문업역이 탄생하여 경험 있는 건설기술자들이 자유롭게 건설업역에서 경제활동을 할 수 있는 근거가 마련될 것이다.

chapter 05

건설 분쟁의 처리

정부의 계약 조건에 따라 계약당사자 일방이 건설클레임을 제기하였으나 합의에 의하여 해결되지 않을 경우 계약당사자는 계약문서에 정해진 절차에 따라 제3자의 판단에 의해 클레임을 해결해야 한다. 이 절차가 건설 분쟁 해결 절차가 된다. 여기서 말하는 제3자에 의한 판단은 조정위원회의 조정, 중재원에 의한 중재, 법원의 소송 등에 의해 이루어질 수 있다.

5.1 조 정

조정은 종국적이지도 않고 구속력이 없는 분쟁 해결 절차이다. 그렇기 때문에 당사자 일방을 청구하였더라도 당사자 타방은 조정에 응하지 않을 수도 있고, 당사자의 합의가 없는 조정 결과가 나왔을 때 조정의 또는 조정 결과에 불복할 수도 있다.

조정을 청구할 수 있는 기관을 계약문서에 별도로 규정하였을 경우 그에 따라야 하며, 그렇지 않을 경우 법령에 정해진 다양한 조정 절차를 이용할 수도 있다. 참고로, 국가계약과 관련된 경우 국가를 당사자로 하는 계약에 관한 법률, 동법시행령, 시행규칙, 회계예규 등에 규정된 바에 따라 조정을 해야 하고, 국가계약을 적용하거나 준용하지 않는 경우에는 건설산업기본법, 동법시행령, 동법시행규칙에 규정된 바에 따라 조정을 하면 된다.

또한 민사의 분쟁에 대한 당사자는 민사조정법에 따라 법원에 조정을 신청할 수도 있는데, 이때 조정의 신청은 구술이나 서면으로도 가능하다. 통상적으로 볼 때, 건설 분쟁의 경우 사실적 관계가 입체적으로 구성되기도 하며, 시간에 따라 목적물이 구성되는 형태가 다르기 때문에 구술만으로 이해하기 어려운 부분이 있다.

5.2 중재

중재에 의한 분쟁해결은 2,000년 전 로마시대로 거슬러 올라간다. 로마에서도 私法상의 법률관계에 관한 분쟁을 해결하도록 하였고, 기왕의 분쟁만 해결할 수 있었고, 후발적 분쟁(계약 체결 이후 발생하는 분쟁)은 심리가 불가능하였다.[19]

이와 같이 중재는 오랜 역사를 지니고 있으며, 우리나라의 경우 1966년 중재법이 만들어지면서 분쟁해결을 위한 한 방법으로 중재가 도입되었다.

중재합의는 헌법에서 규정한 국가사법기관에 대한 소권을 포기하고 중재인에게 재판권을 부여하는 중대한 소송법적 효과를 발생시키는 계약이다.[20] 즉, 중재에 의한 판단을 받게 되면 소송절차를 진행할 수 없게 된다는 의미이다.

따라서 중재합의는 매우 엄격하게 적용되어야 하는 것이며, 국제상업회의소, 미국중재협회 및 우리나라 대한상사중재원에서는 중재조항과 관련된 분쟁을 예방할 수 있도록 표준중재조항을 작성하여 두고 있다.

---

19) 최병조, 로마법강의, 박영사, 서울, 1999, p.516.
20) 배진수, 건설분쟁해결에 관한 중재합의, 2001년도 중재세미나(2001. 6. 9.), 한국중재학회·대한중재인협회, p.7.

국제상업회의소(I.C.C) 표준중재조항

"All disputes arising out of or in connection with the present contract shall be finally settled under the Rules of Arbitration of the International Chamber of Commerce by one or more arbitrators appointed in accordance with the said Rules"

(본 계약에서 또는 본 계약과 관련하여 야기된 모든 분쟁은 I.C.C의 조정, 중재의 규칙하에서 상기 I.C.C의 중재규칙에 의거 지명된 1인 또는 2인 이상의 중재인에 의하여 종국적으로 해결되어야 한다.)

대한상사중재원 권고 표준중재조항

"이 합의로부터 또는 이 합의와 관련하여, 또는 이 합의의 불이행으로 말미암아 당사자 간에 발생하는 모든 분쟁, 논쟁 또는 의사차이는 대한민국 서울특별시에서 대한상사중재원의 중재규칙 및 대한민국법에 따라 중재에 의하여 최종적으로 해결한다. 중재인들에 의하여 내려지는 판정은 최종적인 것으로 당사자 쌍방에 대하여 구속력을 가진다."

중재법 제8조에 따라 합의의 방식은 계약문서에 중재합의는 독립된 합의 또는 계약에 중재조항을 포함하는 형식으로 할 수 있다. 그런데, 계약문서에 중재 또는 소송으로 분쟁을 해결하는 것으로 규정하는 경우 선택적인 중재합의로 볼 수 있는데, 이때는 당사자 일방이 중재법 제17조에 따라 본안에 대한 답변서를 제출할 때까지 중재합의가 없다고 이의를 제기하는 경우 중재합의가 없는 것으로 보고 있다.[21] 현재 우리나라 공공공사 공사계약일반조건에 규정된 분쟁해결 조항은 수차례 변경 과정을 지나왔으나 근본적인 내용은 선택적 중재합의로 규정되어 있기 때문에 분쟁이 발생하였다면 별도의 중재합의를 하지 않게 된다면 중재합의가 있다고 보기는 어렵다.

---

21) 대법원 2005. 5. 27. 선고 2005다12452 판결 【중재판정취소】 [공2005.7.1.[229],1048].

중재법 제29조는 분쟁의 실체에 적용될 법에 대해 규정하고 있는데, 중재판정부는 당사자들이 지정한 법에 따라 판정을 내려야 한다. 특정 국가의 법 또는 법 체계가 지정된 경우에 달리 명시된 것이 없으면 그 국가의 국제사법이 아닌 분쟁의 실체(實體)에 적용될 법을 지정한 것으로 본다. 그리고 실체법의 지정이 없는 경우 중재판정부는 분쟁의 대상과 가장 밀접한 관련이 있는 국가의 법을 적용하여야 한다. 또한 중재판정부는 당사자들이 명시적으로 권한을 부여하는 경우에만 형평과 선(善)에 따라 판정을 내릴 수 있으며, 계약에서 정한 바에 따라 판단하고 해당 거래에 적용될 수 있는 상관습(商慣習)을 고려하여야 한다. 즉, 건설 분쟁의 경우 건설현장의 관행을 고려하여 판단할 수 있다는 의미가 된다.

5.3 소송

소송은 헌법 제27조에 규정되어 있는 국민의 기본 권리이다. 따라서 계약문서에 별도의 분쟁 해결 규정이 없는 경우 당사자는 법원에 소송을 통해 분쟁을 해결할 수 있다. 이때는 민사소송법에 규정된 바에 따라 소송절차가 처리하게 된다.

건설 분쟁을 소송으로 해결하는 경우 고려해야 하는 사항이 복잡하고 많기 때문에 3심으로 해결하는 경우가 많다. 이때 처리 기간은 당사자들이 예상한 것보다 오래 걸릴 수 있고, 비용부담이 조정이나 중재보다 많이 소요된다.

한편, 소송 기간 중에는 당사자들은 정상적인 관계를 가지는 것이 쉽지 않고, 적대적인 관계를 유지하는 경우가 많기 때문에 분쟁이 제기된 건설현장에서는 불편한 관계가 지속될 수 있다. 때로는 분쟁이 제기되지 않은 동일한 사업체의 현장에도 부정적인 영향을 줄 수 있기 때문에 분쟁 기간이 길어지게 된다는 것은 당사자 모두에게 긍정적이지 않다.

5.4 우리나라 공공공사 분쟁 해결

우리나라 공공공사에 적용되는 국가계약법에서는 분쟁의 해결을 명시하고 있지 않았으나, 2017년 12월 19일 제28조의2(분쟁해결방법의 합의) 조항을 신설하면서, 국가를 당사자로 하는 계약에서 발생하는 분쟁을 효율적으로 해결하기 위해서는 계약을 체결하는 때에 분쟁의 해결방법을 정할 수 있으며, 이때에는 계약당사자 간 합의로 국가계약분쟁조정위원회의 조정이나 「중재법」에 따른 중재 중 하나를 정하도록 하였다.

공사계약일반조건에는 계약의 수행 중 계약당사자 간에 발생하는 분쟁은 협의에 의하여 해결하고, 협의가 이루어지지 아니할 때에는 법원의 판결 또는 「중재법」에 의한 중재에 의하여 해결하도록 규정하고 있다. 다만 「국가를 당사자로 하는 계약에 관한 법률」 제28조에서 정한 이의신청 대상에 해당하는 경우 국가계약분쟁조정위원회 조정결정에 따라 분쟁을 해결할 수 있다.

국가계약법에 명시된 사항은 선택적인 분쟁의 해결 방법이다. 따라서 국가계약법에 명시된 사항을 선택하지 않고 계약을 체결할 경우 공사계약 일반조건에 따라 분쟁을 해결해야 한다.

현행 공사계약 일반조건에 규정된 분쟁 해결 절차는 당사자 간 협의, 중재원의 중재, 국제계약분쟁조정위원회의 조정, 소송으로 구분할 수 있다. 일단 분쟁이 발생되었다는 것을 가정한다면 당사자 간의 협의는 거의 의미가 없다. 따라서 중재, 조정, 소송으로 나누어질 수 있는 것이다.

현행 공사계약 일반조건에 규정하고 있는 분쟁 해결 절차를 그림으로 살펴보면 다음과 같다.

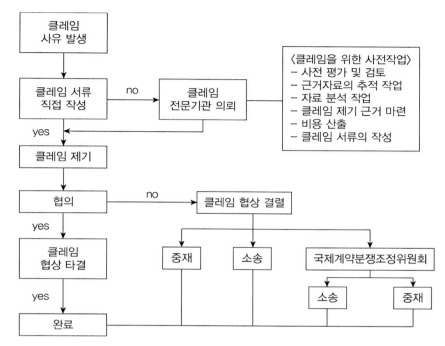

[그림 1]
공사계약 일반
조건상의 건설
분쟁 처리
절차

클레임
사유 발생

클레임 서류
직접 작성

no

클레임
전문기관 의뢰

〈클레임을 위한 사전작업〉
– 사전 평가 및 검토
– 근거자료의 추적 작업
– 자료 분석 작업
– 클레임 제기 근거 마련
– 비용 산출
– 클레임 서류의 작성

yes

클레임 제기

협의

no

클레임 협상 결렬

yes

클레임
협상 타결

중재

소송

국제계약분쟁조정위원회

소송

중재

yes

완료

5.5 해외의 건설공사 분쟁 해결

5.5.1 미국의 건설 분쟁 해결

미국 연방정부의 계약과 관련되는 분쟁 처리 방법은 연방조달규정 제52.233–1조에 규정되어 있고, 이는 건설공사 계약 조건에 삽입되기 때문에, 이에 따라 처리되어야 한다.

이 규정에 의하면 발주자의 계약담당관이 클레임 처리에 대해 최종적으로 결론을 내리지만, 계약담당관의 결정에 불복하는 경우에는 계약분쟁처리법(Contract Dispute Act of 1978)의 규정에 따라, 당해 행정기관 내에 설치된 계약분쟁처리위원회(an Agency Board of Contract Appeals)에 이의를 제기할 수 있다. 이 위원회의 결정에 불복할 경우에는 연방순회공소법원에 상소할 수 있다.

시공자는 계약담당관의 결정에 대하여 계약분쟁처리위원회에 제기하여 연방정부청구법원에 직접 상소하는 것이 가능하다. 그리고 계약분쟁처리위원회의 결정을 연방정부청구법원을 경유하지 않고, 연방순회공소법원에 직접 상소할 수 있다.

또한 연방조달규정(제33.204조)에 의하여 계약담당관은 결정을 내리기 전에 화해, 분쟁처리패널(Dispute Resolution Board), 구속력이 없는 중재 등 대안적인 분쟁해결방법을 도모해야 하는 의무가 있다.

FAR 33.204 —— Policy.

The Government's policy is to try to resolve all contractual issues in controversy by mutual agreement at the contracting officer's level. Reasonable efforts should be made to resolve controversies prior to the submission of a claim. **Agencies are encouraged to use ADR procedures to the maximum extent practicable,** Certain factors, however, may make the use of ADR inappropriate (see 5 U.S.C. 572(b)). Except for arbitration conducted pursuant to the Administrative Dispute Resolution Act (ADRA), (5 U.S.C. 571, et seq.), agencies have authority which is separate from that provided by the ADRA to use ADR procedures to resolve issues in controversy. Agencies may also elect to proceed under the authority and requirements of the ADRA.

이를 간략히 그림으로 나타내면 다음과 같다. [22]

---

22) 남진권, 건설공사 클레임과 분쟁실무, 기문당, 2003, p.95.

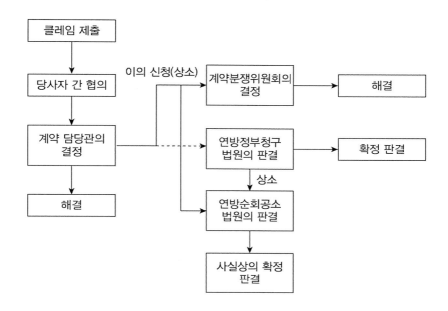

[그림 2]
미국연방정부
계약의 표준적
분쟁 처리
절차

미국의 경우 민간에서는 건설 분쟁을 해결하기 위해 다양한 대안 해결방법(Alternative Dispute Resolution : ADR)이 제시되어 있다.

분쟁이 발생하였을 경우 가장 신속한 해결방법은 제3자의 개입 없이 계약 당사자들이 협상하는 방법이다. 선진국에서는 민간기업뿐만 아니라 정부 차원에서도 전문 협상가의 양성에 상당한 노력을 기울이고 있다. 원만한 협상이 이루어지기 위해서는 협상 당사자 간에 분쟁을 해결하고자 하는 의지가 필수적인 요소이다. 협상으로 분쟁을 해결하고자 하는 경우에는 계약 당사자가 관련된 각종 서류를 준비하여 상대방을 설득시켜야 한다. 그러나 원만한 해결이 되지 못했을 경우에는 조정, 중재, 소송 등의 방법으로 분쟁을 해결해야 하는데 소송에는 막대한 비용과 시간이 소요될 수 있으므로 양 당사자 모두에게 손실을 초래할 수도 있다.

따라서 계약당사자 서로의 이익을 위하여 다양한 대안 해결 방법이 모색되어왔다.

현재 미국에서 계획, 설계 및 건설공사와 관련하여 활용되거나 고려되고 있는 대안 해결 방법의 수는 매우 많다.[23]

1) Internal negotiation method(내부협상기법)

내부협상기법은 클레임이 제기되거나 분쟁이 발생하였을 때 계약당사자들이 협상을 행하는 것이다. 일반적으로 내부협상기법에서는 계약당사자들 간에 문제에 대한 동질감을 가지는 것이 필요하다. 분쟁에 대해 잘 아는 당사자들이 협상에 참여할 때 작업이 효율적으로 행해지고, 내부협상을 행하는 것은 분쟁을 해결하는 데 상대적으로 비용이 저렴하다. 단계적 협상기법, 직접협상기법 등의 방법이 있다.

2) Informal exterior neutral method(비공식적 외부중립기법)

이 기법에는 설계자 판결기법, 독립적 자문의견기법, 분쟁해결기구 평결기법 등이 포함된다.

3) Formal exterior neutral method(공식적 외부중립기법)

이 기법에는 조정, 약식재판, 자문의견기법, 자문성격의 중재, 자발적이고 구속력 없는 중재 등이 포함된다.

4) 기타

- Arbitration(중재)
- Binding arbitration(구속력 있는 중재)
- Court-annexed arbitration(법원부속 중재)
- Court-appointed masters(법원지정 판결기법)
- Early neutral evaluation(중립적인 조기 평가기법)

---

23) Ralph J. Stephenson, Project Partnering for the Design and Construction Industry, John Wiley & Sons, Inc., pp.95~96.

- Expedited binding arbitration(촉진된 구속력 있는 중재)
- Fact-finding(사실규명기법)
- Incentives for cooperation(협동에 대한 인센티브기법)
- Informal spontaneous negotiation(비공식적 자발적 협상기법)
- Special tribunals(특별 판정부)
- Intelligent and proper risk allocation(지적이고 적절한 위험분배기법)
- Mandatory binding arbitration(강제적이고 구속력 있는 중재)
- Mandatory nonbinding arbitration(강제적이고 구속력 없는 중재)
- Mandatory pretrial negotiation(강제적이고 사전재판성격의 협상기법)
- Neutral fact-finding(중립적인 사실규명기법)
- Nonbinding minitrial(구속력 없는 약식재판)
- Private judging(사설재판관 기법)
- Private litigation(사설 소송기법)
- Resolution through experts(전문가를 통한 해결)
- Standing neutral(상설중립조직 기법)
- Voluntary binding arbitration(자발적이고 구속력 있는 중재)
- Voluntary nonbinding arbitration(자발적이고 구속력 없는 중재)
- Partnering(파트너링)
- Voluntary prehearing negotiation(자발적인 사전청문 협상기법)

5.5.2 일본의 건설 분쟁 해결

일본의 경우에도 분쟁 처리 방법은 소송, 민사조정, 건설공사분쟁심사회의 알선·조정 또는 중재에 의해 해결하는 방법, 기타 건축사회나 건축가협회 등과 같이 민간기관에 중개를 의뢰하는 방법이 있다.

그러나 공공건설사업의 경우 공공공사청부계약약관을 계약문서로 하고 있으므로 건설 분쟁의 경우 건설공사분쟁심사회의 알선 또는 조정에 의하되, 알선 또는 조정에 의해 해결할 가능성이 없다고 인정할 경우에는 중재판정에 의하도록 하고 있으며, 소송을 배제하고 있다.

5.5.3 FIDIC의 건설 분쟁 해결

FIDIC(Federation Internationale Des Ingenieures Conseils) 의 건설공사 계약 조건 제20조에 규정된 분쟁 해결 절차를 살펴보면, 먼저 분쟁조정위원회에 의해 처리하고, 그에 불복할 경우 우호적으로 해결하며, 우호적으로도 해결되지 아니할 경우 중재로 최종 해결하도록 하고 있다.

계약 이행 중에 분쟁(Dispute)이 발생하게 되면 분쟁조정위원회 (Dispute Adjudication Board)의 결정을 서면으로 요구해야 한다. 통상 분쟁조정위원회는 1인 또는 3인으로 구성할 수 있는데, 입찰서 부록에 인원수가 명시되어 있지 않고 계약당사자 간에 합의되지 않으면 3인으로 구성된다. 분쟁조정위원은 입찰서 부록에 명시된 기간 내에 계약당사자의 합의에 의해 임명되어야 하고, 그렇지 못할 경우 특수조건에 명시된 임명권자에 의해 임명된다. 분쟁조정위원의 보수와 운영경비는 발주자와 시공자가 반씩 부담하며, 계약당사자의 합의에 의해 해제할 수도 있다. 계약당사자가 별도로 합의하지 않는 경우에는 시공자가 제출하는 최종명세서상의 권리가 충족되는 시점에 운용이 중단된다. 이 결정요구는 분쟁조정위원회의 판단을 원하는 계약당사자 중 일방에 의해 이루어질 수 있다. 결정 요구 시 타방당사자에게 사본을 송부하여야 하며, 결정요구가 제20조에 의한 것임을 반드시 명시하여야 함을 주지하여야 한다.

계약당사자 중 일방이 분쟁조정위원회의 결정에 불복할 경우에는 분쟁조정위원회의 결정접수일로부터 28일 이내에 불복사실을 통지해야 하며, 그렇지 않을 경우 분쟁조정위원회의 결정은 최종적인 것이 되고 계약당사자를 구속한다.

계약당사자 중 일방이 분쟁조정위원회의 결정에 불복할 경우에는 중재가 개시되기 전까지 계약당사자는 우호적으로 해결하려는 노력을 해야 한다.

계약당사자 중 일방이 분쟁조정위원회의 결정에 불복하고, 우호적으로도 해결되지 아니할 경우 해당분쟁은 국제상업회의소(International Chamber of Commerce : I.C.C) 중재에 의해 최종적으로 해결된다.

chapter 06

단원 요약

 건설클레임은 건설계약 관리의 한 부분이다. 건설클레임을 적절히 관리할 수 있다는 의미는 계약적인 측면에서 적절하게 건설사업을 관리한다는 의미와 상통한다. 따라서 본 장에서는 건설클레임에 대해 집중적으로 고찰하였다. 우선 건설클레임이란 무엇인지, 어떻게 분류하는 것이 좋은 것인지, 클레임의 주요 사항을 살펴보았고, 실제 클레임이 발생하였을 경우 처리해야 하는 절차를 통지시점부터 자료유지 및 입증에 대해 살펴보았으며, 클레임의 청구 절차, 클레임 문서 작성에 대해 살펴보았다. 마지막으로 건설 분쟁이 발생하였을 때 국내외의 처리 방법을 살펴보았다.

 건설클레임이 적절하게 해결되지 않을 경우 건설 분쟁으로 비화되는 것이고, 이는 피할 수 없는 엄연한 현실이다. 우리나라에서도 계약당사자의 권리 찾기 의식이 활성화되면서 건설클레임이 지속적으로 증가하고 있기 때문에, 발주자, 감리자 및 시공자(하도급자 포함) 등 건설에 참여하는 모든 사람들이 건설클레임 및 분쟁에 주의를 기울여야 할 것이다.

▌연습문제

1. 건설클레임이 활성화될 경우 파급되는 효과(장단점)에 대해 논하시오.

2. 국내에서도 최근 건설클레임이 증가 추세에 있다. 국내에서 건설클레임이 발생하게 되는 이유 및 처리 방법을 제시하시오.

3. 우리나라에서는 선택적 중재합의에 대해 당사자 간 일방이 적극적으로 중재에 의하는 것을 거부할 경우 중재합의가 없는 것으로 대법원에서 보고 있는데, 건설공사에서 분쟁이 중재로 해결되지 못하는 경우 예상되는 문제점에 대해 토론하시오.

4. 미국의 경우 건설 분쟁에 대해 대안 해결 방법이 다양하게 모색되고 있는데도 아직 우리나라에서는 대안 해결 방법이 정착되고 있지 못하다. 그 이유를 설명하고 우리나라에 적합한 대안 해결 방법이 있다면 제시하시오.

5. 우리나라에서 시공자가 건설클레임을 제기하려고 해도 여러 가지 문제 때문에 클레임을 제기하지 못하는 경우가 있다. 왜 그런지 그 이유를 설명하고, 효과적으로 건설클레임을 제기하기 위한 절차나 방법을 제시하시오.

참고문헌

1. 남진권, 『건설공사 클레임과 분쟁실무』, 기문당, 2003.
2. 배진수, 「건설분쟁해결에 관한 중재합의」, 2001년도 중재세미나(2001. 6. 9), 한국중재학회·대한중재인협회.
3. 이상도, 『영미법사전(Anglo-American Law Dictionary)』, 청림출판, 1997.
4. 조영준 외 5인, 『건설경영공학』, 기문당, 2004.
5. 조영준 외, 『건설관리학』, 사이텍미디어, 2006,
6. 조영준, 『설계약관리 - 이론과 실무』, 한올출판사, 2010.
7. 조영준, 『최신 건설사업 계약 및 클레임 관리』, 도서출판 신성, 2005.
8. 조영준, 현창택, 「공공건설사업에서 업무단계별 클레임준비 절차」, 제 2회 한국건설관리학회 학술발표대회 논문집, 2001.
9. 최병조, 『로마법강의』, 박영사, 1999.
10. 한국건설기술연구원(연구책임자 조영준), 「건설시장개방에 대비한 분쟁 및 클레임방지대책에 관한 연구」, 1994.
11. 현학봉, 현학봉, 「설공사 계약관리와 클레임 - FIDIC 개정판 및 공사계약일반조건을 중심으로」, 일간건설신문, 2003.
12. 대법원 2005. 5. 27. 선고 2005다12452 판결 【중재판정취소】 [공 2005.7.1.[229],1048].
13. AIA, Glossary of Construction Industry Terms, 1991.
14. CMAA, Standard CM Services and Practice, 1993.
15. George F. Jerges & Fr ancis T. Hartman., Journal of Construction and Management, Vol.120, 1994.
16. Oxford Dictionary Law, 4ed, Oxford Press Center, 1997. Claim : Demand for a remedy or assertion of a right.
17. Ralph J. Stephenson, Project Partnering for the Design and Construction Industry, John Wiley & Sons, Inc.
18. Vincent Powell-Smith, Douglas Stephenson, Civil Engineering Claims, 2ed, Blackwell Science, 1994.
19. Vitruvius, The ten books on Architecture(M. H. Morgan 영역, 오덕성 국역, 기문당, 서울, 1999.
20. Vorster , Mike C., Dispute Prevention and Resolution, Construction Industry Institute, 1993.

part **III**

리스크 관리

이민재 · 임종권 · 안상목

chapter 01

서 론

1.1 리스크란 무엇인가?

리스크는 손해(loss), 손상(injury), 불이익(disadvantage), 파괴 (destruction) 등의 가능성(Rothkopf, 1975)으로 정의되며, 기대한 것을 얻지 못할 가능성, 기대와 현실 사이의 격차, 불확실성 자체 또 는 그 불확실성의 결과로 손실을 입을 가능성이 있는 상황에 노출된 상태, 사업목표에 불리하게 작용하거나 손실을 초래하는 불확실한 사건 및 상황을 말한다. 리스크는 목표에 불리하게 작용하는 잠재적 손실요인을 주로 의미하나 건설사업의 특성상 리스크는 손실과 피해 의 가능성은 물론 획득과 기회의 가능성을 포함하고 있다.

건설사업의 리스크를 좀 더 명확히 정의하기 위하여 문헌상의 다 양한 의견들을 우선적으로 정리해보면, 첫째는 리스크를 사업목표 에 불리하게 또는 유리하게 작용하는 불확실한 사건 및 상황으로 정 의하는 것이다.[1] 즉, 리스크를 불확실한 상황으로 정의하는 것이며, 이는 유리 또는 불리한 상황 모두를 포함하는 리스크 발생 가능성이 있는 모든 사건 및 상황을 전제로 한 것이므로 불확실한 상황과 리스 크를 동일시하는 관점이라 할 수 있다. 둘째는 리스크를 불확실성 (Uncertainty)과 비교하여 정의하는 것으로 불확실성과 리스크는 흔히 상호 교환되는 단어로 인식하지만 분명한 차이가 있다. 불확실 성이란 미래에 대한 예측이 불가능하여 결과를 쉽게 유추할 수 없는 상황인 데 반해, 결과가 불리하게 나타나는 경우를 위험리스크라 하

---

1) PMI, 'Project Risk Management', PMBOK 2000 Edition, 2000.

고, 그 반대의 경우를 기회(Opportunity)로 정의하는 것이다.[2] 즉, 위협과 기회는 불확실성을 바탕으로 하되 상반된 결과로 정의된다. 셋째는 리스크와 불확실성의 차이를 정량화의 관점에서 비교하여 정의하는 것이다. 불확실성은 특정 상황의 발생 가능성에 대해 거의 알지 못하여 그 크기를 가늠할 수 없는 상황으로 일컫는 반면, 리스크는 특정 상황의 발생 확률과 손실 추정이 가능하여 그 크기를 정량적(숫자로)으로 표현이 가능한 경우로 정의한다.[3] 즉, 건설사업이란 통상적으로 비용, 공기, 품질 등을 원하는 수준으로 이루는 것을 목표로 하기 때문에 건설에서의 가장 중요한 리스크는 이러한 목표에 대한 실패로 정의할 수 있으며, Chapman과 Ward는 건설산업의 리스크는 사업 기획, 설계, 시공, 시운전 단계 동안 비용, 공기, 품질로 구성되는 사업의 목표에 영향을 미치는 잠재적 또는 실질적 위협 또는 기회로 표현한다.[4] 이상의 정의와 같이 리스크란 의미는 대부분 손실 또는 피해와 관련된 부정적 측면이 많이 강조되는 경향이 있으나 수익 및 획득과 같은 긍정적인 측면도 있으며, 이는 적극적인 리스크 관리를 통해 이루어질 수 있다.

　건설사업의 리스크는 매우 다양한 형태로 잠재되어 있으므로 관리 목적이나 편의를 위해 유사한 종류별로 리스크의 형태를 구분할 필요가 있다. 그러나 리스크의 형태를 구분하는 특별한 기준은 없으며, 일반적으로 세 가지 리스크의 형태를 다음과 같이 정리할 수 있다.[5]

　첫째는 리스크의 형태를 순수 리스크(Pure Risk) 또는 보험이 가능한 리스크(Insurable Risk)와 투기적 리스크(Speculative) 또는 경영 리스크(Business Risk)로 구분하는 방법이다.[6] 순수 리스크는

2) PMI, 'A Guide to Managing Project Risks and Opportunities', 1992.
3) N.J. Smith, 'Managing Risk in Construction Project', Blackwell Science, 1998.
4) Chapman and Ward, 'Project Risk Management Processes, Techniques and Insights', Wiley, 1998.
5) 김인호, '미래지향적 안목의 건설계획과 의사결정', 대한건설협회 일간신문사, 1995.
6) Bureau of Engineering Research, 'Management of Project Risks and Uncertainty', Th University of Colorado, Oct. 1989.

재무적 이익 가능성은 전혀 없고 재무적 손실 가능성만이 존재하며 불확실성으로 인한 실질적 상황에 있어 재무적 이익을 기대할 수 없는 리스크의 형태이다. 이러한 리스크 형태들의 예는 자연재해, 자동차 사고, 화재, 도난, 공사 중 안전사고 등의 리스크로서, 그 결과는 순수한 재무적 손실만이 존재하기 때문에 보험을 통한 보상이 가능하다. 반면에 투기적 리스크는 재무적 이익과 손실가능성이 모두 포함되는 형태이며, 불확실성으로 인한 재무적 이익과 손실을 모두 기대할 수 있는 리스크의 형태이다. 이러한 리스크의 형태들의 예는 경제적, 정치적, 계약, 관리 등에 대한 리스크로 이익과 손실이 공존한다. 따라서 투기적 리스크는 보험이 불가능한 특징을 갖고 있어 이러한 위험에 대응하기 위한 현명한 경영 의사 결정이 매우 중요하다.

둘째는 리스크의 형태를 알려진 리스크(Knowns), 알려졌으나 모르는 리스크(Known Unknowns), 전혀 알 수 없는 리스크(Unknowns)로 구분하는 방법이다.[7] 알려진 리스크는 잠재된 리스크를 인지할 수 있고 이를 통해 발생 가능성과 손실의 범위를 정량적으로 추정할 수 있는 리스크이며, 이는 건설 과정에서 일반적으로 발생할 수 있다. 반면에 알려졌으나 모르는 리스크는 잠재된 리스크를 인지할 수 있기는 하나 그것의 발생 가능성과 손실의 범위 추정은 사실상 불가능한 형태로, 예를 들면 지진, 태풍과 같은 자연재해들과 같이 대부분 발생하게 되면 막대한 손실을 가져오지만 발생 가능성은 매우 희박한 리스크들이 이에 속한다. 한편, 전혀 알 수 없는 리스크는 위험 자체를 인지할 수 없어 리스크의 발생 가능성과 손실의 범위 추정이 불가능한 형태이다. 이와 같이 구분된 리스크의 형태는 분석기법상 많은 차이를 나타내는데, 알려진 리스크에 대한 분석은 대부분 등급 판정이 가능하지만, 알려졌으나 모르는 리스크는 그 정도를 산정하

---

7) Bureau of Engineering Research, 'Management of Project Risks and Uncertainty', The University of Colorado, Oct. 1989.

기 위하여 고급의 시뮬레이션 기법이나 통계 확률적 기법들을 적용하게 된다.

셋째는 리스크의 형태를 내부 리스크(Internal Risk)와 외부 리스크(External Risk)로 구분하는 방법이다.[8] 내부 리스크는 사업 그 자체에 존재하는 것으로 사업 내부에서 통제가 가능한 리스크이다. 예를 들어 사업 관리 또는 사업기술적 리스크로 공정, 원가, 품질, 관리, 설계, 기술, 안전 등에 대한 리스크가 이에 포함된다. 반면 외부 리스크는 사업 내부에서 통제가 불가능한 리스크로서, 재해, 환율, 세율, 원자재값 상승 등에 대한 리스크들이 이에 속한다. 이렇게 구분하는 리스크의 형태는 리스크 관리 비용을 사업 내부에서 확보할 것인지, 아니면 사업 외부, 즉 회사 공통으로 리스크를 관리하는 비용으로 회사 차원에서 확보할 것인지 판단하는 기준을 제공하게 된다. 또한 리스크의 형태는 리스크 분류 체계(Risk Breakdown Structure)를 만드는 기준이 된다. 사업 관리에서 업무 분류 체계(Work Breakdown Structure)의 기능과 동일하게 리스크 분류 체계는 리스크 관리를 위한 개념적 틀을 제공하게 되며 리스크 요인의 코드(Code)화, DB화, 정보 공유를 위한 기본 도구가 되는 것이다. 리스크 분류 체계는 사업 형태, 계약 형태, 관리 관점에 따라 분류 기준이 달라지며 리스크의 형태는 이러한 분류 기준의 원칙을 정하는 데 매우 중요한 역할을 하게 된다.

1.2 리스크 관리는 무엇이며, 왜 필요한가?

리스크에 대한 정의뿐만 아니라 이를 관리하는 방법론에 대한 정의도 매우 중요하다. 일반적으로 통용되는 리스크 관리의 정의는 다음과 같다.

---

8) PMI, 'Project Risk Management', PMBOK 2000 Edition, 2000.

사업 관리 분야에서 국제적으로 인정되는 표준적 절차와 기법을 제안하는 미국의 사업관리협회(Project Management Institute : PMI)에서는 '리스크 관리는 프로젝트 위험을 분류, 분석, 대응하는 프로세스들을 포함하며, 이러한 프로세스를 통해 프로젝트에 이을 가져다주는 요인의 결과를 최대화하는 동시에 악영향을 주는 요인들의 결과를 최소화하는 관리 기법'으로 정의하였다.[9] Spence는 리스크 관리란 "사업의 이익에 피해를 주는 위험에 대해 규명하고 평가 분석함으로써 경제적인 통제, 최소의 비용으로 예기치 않는 손실의 영향을 감소시키기 위해 조직의 자원과 활동을 계획, 조직화, 명령 및 통솔하는 과정이라 할 수 있다."라고 정의한다.[10]

Chapman과 Ward는 "리스크 관리의 필수적 목적은 사업과 관련된 리스크를 체계적으로 인지하고, 평가 및 관리하는 것을 통해 사업성과를 증진하는 것으로 사업성과를 증진하는 최종 목표는 리스크를 약화(downside)시키고 기회를 증대(upside)시키는 것이다."라고 정의한다.[11] Smith는 "리스크 관리는 사업목표에 영향을 주는 알 수 없는 어떤 것들(What if)이며, 이는 사업 생애주기 동안 발생하여 사업에 손실을 줄 수 있는 리스크 인자들을 감소·회피·전가시키거나, 잠재적 기회를 증진시키는 접근 방법이다."라고 정의한다.[12]

이상과 같은 정의로부터 리스크 관리는 '사업목표에 손실을 줄 수 있는 위험 리스크와 동시에 이익을 가져다주는 기회 리스크에 대한 사전 예측 관리 기법'이라는 것에 대해 공통적으로 언급하고 있음을 알 수 있다. 따라서 리스크 관리란 사업 생애주기 전 단계에서 사업에 영향을 미치는 불확실한 사건 및 상황들을 사전에 인지, 분석, 대응함으로써, 사업목표에 불리하게 작용하는 위협들은 최소화시키

---

9) PMI, 'Project Risk Management', PMBOK 2000 Edition, 2000.
10) Spence J. 'Modern Risk Management Concepts, BEFA Conference Proceedings', 1980.
11) Chapman and Ward, 'Project Risk Management Processes, Techniques and Insights', Wiley, 1998.
12) N.J. Smith, 'Managing Risk in Construction Project', Blackwell Science, 1998.

고, 유리하게 작용하는 기회요인들은 극대화시키는 사전예방 관리 기법으로 정의할 수 있다.

1.3 건설 프로젝트와 리스크와의 상관관계

1.3.1 건설 프로젝트 특성과 리스크

건설 프로젝트는 명확한 착수 시점과 종료 시점이 존재하는 한시성(temporary), 결과물이 이 세상에서 하나밖에 존재하지 않는 유일성(unique), 뚜렷한 목적이나 목표를 가지고 있는 목적성(goals), 시간과 예산 등이 부족한 제약성(constraints), 종료 시점까지 수많은 사건들이 발생할 수 있는 불확실성(uncertainties), 진행 과정에서 점차적으로 가시화되는 점진적 구체화(progressive actualization), 동일한 작업이 차기 프로젝트에도 적용되기 어려운 비반복성(non-repetitive) 등의 특성을 가진 고위험산업이다. 이러한 건설 프로젝트의 특성에 의해 존재하는 리스크에 대한 구체적인 예시는 다음 표와 같다.

[표 1] 건설 프로젝트 고유 특성으로 인한 리스크 요소 예시

구분	내용	건설 프로젝트 리스크 요소(예시)
한시성	착수 시점과 종료 시점의 존재	공기
유일성	결과물이 이 세상에 하나밖에 존재하지 않음	설계, 인허가, 행정, 사업성, 표준, 소통, 견적, 제작, 시운전, 문서 등
목적성	뚜렷한 목적이나 목표를 가지고 있음	성능보장, 품질, 시운전 등
제약성	공기, 예산, 자원이 항상 부족	공기, 예산, 자원 등
불확실성	프로젝트 기간 중 불확실한 사건들의 발생	국가 상황, 사회환경, 발주자, 사업 기획, 재원 조달, 파트너, 자원, 내부 조직 등
점진적 구체화	진행 과정에서 세부적이고 구체적으로 현실화	설계, 인허가, 지반여건 등
비반복성	표준화의 한계	작업계획(절차서)

1.3.2 건설 프로젝트 생애주기와 리스크와의 상관관계

건설 프로젝트의 리스크는 기획 단계부터 시운전을 완료하고 이관 단계까지 그 생애주기에 따라 리스크 발생 가능성과 그 영향은 상반되게 나타난다. 프로젝트 생애주기 초기 단계에서는 확정되지 않는 많은 불확실성으로 리스크 발생 개연성은 높은 반면 리스크가 발생하더라도 그 영향(공사기간이 공사비)은 상대적으로 크지 않는 반면 생애주기 후반 단계에서는 불확실한 요소들이 줄어들어 리스크 발생 개연성은 낮은 반면 리스크가 한번 발생하면 공사기간이나 공사비 등에 주는 영향이 막대하게 된다.

따라서 리스크 관리는 프로젝트 착수 단계부터 철저히 실행하지 않으면, 종료 단계에 그 대가를 크게 치르게 된다.

[그림 1] 건설 프로젝트 생애주기와 리스크 영향

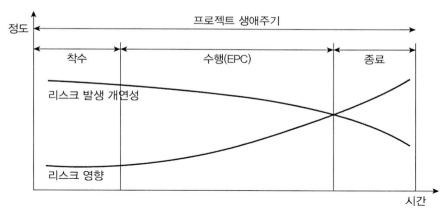

1.4 리스크 비용(Costs for contingencies)

통상적으로 프로젝트는 예비비를 편성하여 운영하며, 예비비는 곧 리스크에 대비한 비용이다. 미국 원가 엔지니어 협회(America Association of Cost Engineers : AACE)에서는 "예비비는 총사업비를 산정하는 시점에서 사업 정보의 불확실성으로 인해 발생하는 추가사업비를 예측하는 금액으로서, 총사업비는 산정된 당초 사업비에 이 예비비를 더한 금액이다. 이 예비비는 파업, 지진 등과 같은 불가항력 사태와 사업 규모의 변경에 따른 사업비의 증감은 포함되지 않는다(AACE, 1990)."라고 정의하여 정상적인 사업비와 추가 사업비인 예비비는 분리되어야 한다는 점과 불가항력적 사태에 대한 복구비용은 예비비에서 제외된다는 점을 명확히 하고 있다. 예비비를 산정하는 방법으로는 백분율법과 리스크 분석법으로 대별된다.

1.4.1 백분율법

백분율법은 총사업비의 일정 비율을 예비비로 설정하는 방식이다. 따라서 그 비율을 얼마로 설정하는 것이 타당한지가 관건이며, 이에 대해 선행 연구가 이루어져 있다. 발주자 관점에서 이상호(2000)는 10~15%, 김대현(2001)은 7.65%를 제시하였고, 건설계약자 관점에서 박성호(2003)는 공사 규모별로 3.46~5%를 제시하였다. 또한 한국정부의 총사업비관리지침(2006)은 신규 발주사업의 경우 낙찰가의 8%에 해당하는 금액을 자율 조정 한도액으로 규정하고 있다. 이외에도 대한건설협회의 조사(2000)에 의하면 국내 건설사들의 해외 프로젝트 예비비 적용실적은 평균 7.95%인 것으로 나타났다. 미연방교통국(FTA)의 실제 사례로서 보스턴시의 터널사업에서 7개 리스크 요소를 식별한 뒤, 전체 사업에 미치는 영향의 가중치를 설정하고 예비비를 산정한 결과 8.35%로 산정하였다. 한편 미국의 AACE는 프로젝트 수행 단계별로 원가 산정의 정확도를 다음 표와 같이 개념 단계는 −50~+100%, 입찰 단계는 −10~+15%를 제시하고 있다.

[표 2] AACE International Expected Accuracy Range, 4th edition

Project Stage	Concept Screening	Feasibility Study	Authorization or Control	Control or Bid/Tender	Check Estimate or Bid/Tender
L=Low, H=High (%)	L : −20~−50 H : +30~+100	L : −15~−30 H : +20~+50	L : −10~−20 H : +10~+30	L : −5~−15 H : +5~+20	L : −3~−10 H : +3~+15

1.4.2 리스크 분석법

이 방법은 해당 프로젝트의 리스크를 식별하고 분석하여 해당 리스크에 상응하는 비용을 산출한 후 이를 합산하여 예비비를 추정하는 방식이다. 이 방법은 백분율법에 비해 과정이 복잡한 단점이 있으나, 개별 리스크 단위로 평가가 이루어지므로 정확도가 높고, 피드백을 통해 데이터 축적이 용이한 장점이 있다.

다량의 프로젝트를 수행하는 발주자나 건설계약자 혹은 금융제공자들은 실적 데이터를 기반으로 리스크 비용을 산출하는 체계를 마련할 수도 있다. 그 일례로 안상목(2018)은 다음 표에서 보는 바와 같이 4차 산업혁명 프로세스를 활용하여 리스크 관리 적용 모델을 제시한바가 있따.

[표 3] 4차 산업혁명 프로세스의 리스크 관리 적용 모델

구분	헬스케어	자율주행차	건설 프로젝트 리스크 관리 적용
데이터 수집 (IoT)	개인 생체 데이터 수집	전방 감지 센서 등을 이용해 데이터 수집	프로젝트 실행예산 관리 시스템을 통해 데이터 수집
저장과 분석 (Cloud/ Big Data)	개인 생체 데이터 분석을 통한 지시	데이터를 분석하여 도로 상황 실시간 파악	데이터를 분석하여 리스크 요인과 영향 분석
가치창출(AI)	개인별 질병 관리	주행 방향 및 속도 자동 조절	통계적 기법을 활용한 리스크 비용 산출 모델 개발
최적화 (기술융합)	개인별 맞춤 건강 관리	운전 스트레스 해소 및 이동성 개선	신규 프로젝트 리스크 관리 리스크 비용 산출 및 의사 결정 지원

우선 데이터 수집은 프로젝트 원가 관리 시스템을 통해 자동 추출할 수 있다. 2단계로 이 데이터들을 분석하면 리스크 요소들과 영향을 파악할 수 있다. 이때 데이터가 많으면 많을수록 정교하면 정교할수록 정도는 높아질 것이다. 3단계로 통계적 기법을 활용하면 리스크 비용 산출 모델을 만들어낼 수 있다. 마지막 단계로 신규 프로젝트가 발굴되면 개발된 모델에 프로젝트 상황을 입력하면 리스크 비용을 자동 산출할 수 있고, 내부적인 리스크 허용범위를 고려하여 Go/No-go의 의사 결정을 지원할 수 있다.

1.5 리스크 분류 체계(Risk Breakdown Structure)

리스크 분류 체계(RBS)는 '건설 프로젝트에서 발생 가능한 모든 잠재 리스크들을 관리 가능한 수준까지 계층적으로 분류한 체계'이다. 이 정의를 풀어서 설명하면, 첫째, 프로젝트 착수에서 종료까지의 잠재된 모든 리스크들이 나열될 수 있어야 한다. 둘째, 관리 가능한 수준이어야 한다. 왜냐하면 과다하게 분류하면 관리 비용이 증대되기 때문에 해당 조직과 프로젝트의 특성에 맞추어 적절한 수준을 취하는 것이 효과적이다. 셋째, 리스크 요소들은 성격별로 구분하고 계층화하여야 인지와 식별이 용이하고 대응 방안을 모색하기 편리하다.

RBS를 어떻게 구성할 것이지는 발주자, 계약자 혹은 금융제공자 등 관점에 따라 다르고 플랜트, 건축, 토목 등 공사 종류별로 상이하다. 아래의 예시들을 참조하여 프로젝트에 적합한 분류 체계를 선정하는 것이 바람직하다.

1.5.1 He Zhi

He Zhi[13]는 해외 건설 프로젝트의 다양한 리스크 원천을 계층적으로 분류하고, 잠재된 리스크 요소들을 리스크 분류 체계를 기준으로 인지하고, 위험 평가 단계로서 리스크 영향도와 리스크 발생 확률이 결합된 형태의 리스크 평가를 실시하는 리스크 관리 모델을 제시하였다.

이 모델에서는 리스크 발생 원천에 따라 외부(external)와 내부(internal) 관점에서 분류하고, 외부 리스크는 국가/지역시장 또는 사업에 특별한 영향을 미치는 지역 건설 산업과 관련된 교환 가능한 요소들이며, 내부 리스크는 사업 자체 속성에 의해 포함되거나 정의되는 회사와 프로젝트에 내재된 불확실성이다.

[그림 2]
He Zhi의 해외
건설 프로젝트
리스크 분류
체계

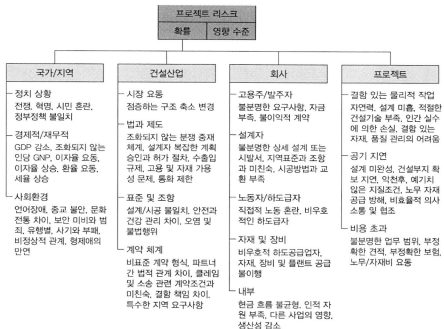

프로젝트 리스크
확률 | 영향 수준

국가/지역

- 정치 상황
  전쟁, 혁명, 시민 혼란, 정부정책 불일치
- 경제적/재무적
  GDP 감소, 조화되지 않는 인당 GNP, 이자율 요동, 이자율 상승, 환율 요동, 세율 상승
- 사회환경
  언어장애, 종교 불안, 문화 전통 차이, 보안 미비와 범죄, 유행별, 사기와 부패, 비정상적 관계, 형제애의 만연

건설산업

- 시장 요동
  점증하는 구조 축소 변경
- 법과 제도
  조화되지 않는 분쟁 중재 체계, 설계자 복잡한 계획 승인과 허가 절차, 수출입 규제, 고용 및 자재 가용성 문제, 통화 제한
- 표준 및 조항
  설계/시공 불일치, 안전과 건강 관리 차이, 오염 및 불법행위
- 계약 체계
  비표준 계약 형식, 파트너 간 법적 관계 차이, 클레임 및 소송 관련 계약조건과 미친숙, 결함 책임 차이, 특수한 지역 요구사항

회사

- 고용주/발주자
  불분명한 요구사항, 자금 부족, 불이익적 계약
- 설계자
  불분명한 상세 설계 또는 시방서, 지역표준과 조항과 미친숙, 시공방법과 교환 부족
- 노동자/하도급자
  직접적 노동 혼란, 비우호 적인 하도급자
- 자재 및 장비
  비우호적 하도공급업자, 자재, 장비 및 플랜트 공급 불이행
- 내부
  현금 흐름 불균형, 인적 자원 부족, 다른 사업의 영향, 생산성 감소

프로젝트

- 결함 있는 물리적 작업
  자연력, 설계 미흡, 적절한 건설기술 부족, 인간 실수에 의한 손실, 결함 있는 자재, 품질 관리의 어려움
- 공기 지연
  설계 미완성, 건설부지 확보 지연, 악천후, 예기치 않은 지질조건, 노무 자재 공급 방해, 비효율적 의사소통 및 협조
- 비용 초과
  불분명한 업무 범위, 부정확한 견적, 부정확한 보험, 노무/자재비 요동

1.5.2 PRINCE2

PRINCE2는 리스크 분류 체계란 "리스크의 잠재적인 원인들을 밝

13) He Zhi, 'Risk management for overseas construction projects', International journal of project management Vol.13, No.4, 1995, pp.231~237.

히기 위해 조합된 프로젝트 환경의 계층적 분류 체계"라고 정의하고
있다. 등급이 내려갈수록 리스크 원인들이 점진적으로 구체화되며,
이 구조는 프로젝트 팀이 잠재 원인들을 찾아가는 방법을 지원하는
것이다. 단일목록(one list)에 비해 더 유용하게 사용할 수 있다.

리스크 분류 체계의 예로 정치(political), 경제(economical), 사회
(sociological), 기술(technological), 법무(legal/legislative), 환경
(environmental) 등 6개로 분류하고 영어 약자로 PESTLE을 제시
하고 있다. 또한 발주자 관점에서 아래 그림과 같이 기술, 관리, 상
업, 외부 등 4개로 대분류하는 예시를 제시하고 있다.

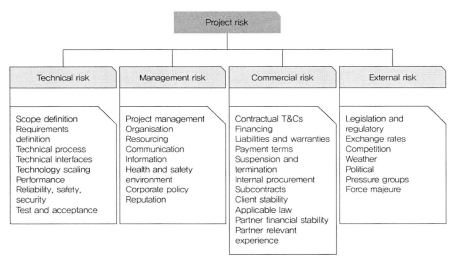

[그림 3]
**리스크 분류
체계 예시_**
PRINCE2-M
anagement
of Risk :
Guidance for
Practitioners,
p.92

1.5.3 국제 원자력발전 EPC 프로젝트 사례[14]

유의성 외 3인은 국제 원자력 EPC 프로젝트를 대상으로 발주자 관
점에서의 리스크 관리 시스템을 개발하면서 표와 같이 외부(external)
와 내부(internal)로 대분류하고, 외부는 준비, 계약/법규, 금융, 국

---

14) 유의성 외 3, 'Development of a Computerized Risk Management System for International NPP EPC
Projects', KSCE Journal of Civil Engineering, 2016.

가/지역 등 4개로 중분류하고 24개 리스크 요소를 제시하였다. 내부로는 엔지니어링, 구매, 건설, 시운전의 EPCC 수행 단계에 따라 5개의 중분류와 22개 리스크 요소를 제시하였다. 또한 분류 항목별로 상대적인 가중치를 전문가에 의한 델파이 기법을 통해 제시하였다.

[표 4] 국제 원자력발전 EPC 프로젝트 가중치 및 RBS

Level 1	Partial weight	Level 2 (Risk Class)	Partial weight	Level 3 (Risk Element)	weight (%)
External	0.48	Preparation and Support (PS)	0.06	Project scope/organizational implementation structure	0.78
				Economic feasibility	1.03
				Security(system, communication, etc.)	0.57
				Licensing	0.93
				Site condition and utility infrastructure	0.62
				Disposal of radioactive waste	0.72
				Civil appeal and claim	0.83
				Supply chain of subcontractors, manufacturers, etc.	0.52
		Contract and Legal (CL)	0.17	Contract method and condition	3.91
				Penalty of liquidated damage	3.13
				Tariff and tax/customs	3.52
				Codes and standards	3.71
				Energy and environmental policy	2.74
		Financing and Funding (FF)	0.05	Funding and financing	1.41
				Exchange rate	1.27
				Uncertainty on cost estimation	1.20
				Insurance	1.13
		Country and Region (CR)	0.23	Relations with government agency	3.23
				Political stability(war, rebellion, etc.)	3.61
				Country credit and debt	3.80
				Climate and disasters	3.04
				Culture and religion	3.42
				Public sentiment(civil opinion)	2.85
				Stability of society and crime rate	3.04

[표 4] 국제 원자력발전 EPC 프로젝트 가중치 및 RBS(계속)

Level 1	Partial weight	Level 2 (Risk Class)	Partial weight	Level 3 (Risk Element)	weight (%)
Internal	0.52	Engineering (E)	0.13	Design change and schedule	1.65
				Quality of design	1.86
				Design capability	2.06
				Design process and skills	1.65
				Error and omission of design	1.75
				Constructability	1.96
				Design codes and standard	2.06
Internal	0.52	Procurement (P)	0.19	Schedule of procurement and delivery	4.22
				Quality of devices	3.80
				Logistics	4.01
				Technologies of subcontractors and vendors	3.59
				Procurement of materials and devices	3.38
		Construction (C)	0.13	Supply and technical skills of human resources	1.86
				Construction planning and schedule	1.98
				Construction specifications and methods	2.35
				Safety program(worker's accident, etc.)	2.23
				Field design changes	2.10
				Construction quality	2.48
		Start–up (S)	0.06	Supply of skilled operators	1.46
				Preparation and schedule of start–up	1.38
				Nuclear fuel supply	1.62
				Performance of NSSS, T/G, BOP	1.54

1.5.4 해외 건설 프로젝트

안상목(2018)[15]은 건설 프로젝트 실무 경험을 바탕으로 건설계약자 관점에서 해외 턴키 건설 프로젝트의 RBS를 제시하였다. 그는 리스크

---

15) 안상목, "글로벌 프로젝트 리스크 매니지먼트", 지식과감성, 2018.

분류 체계는 프로젝트의 특성이 유일성(unique)에도 불구하고 개발 프로젝트냐 입찰 프로젝트냐에 따라 분류하고 계층화(hierarchy)하면 표준화가 가능하다는 점을 강조하였다.

대분류인 최상위 계층(Level 1)으로는 발주국/발주자 여건, 프로젝트 수행 환경과 프로젝트 수행 역량 3가지로 분류하여 분류 항목 간의 독립성을 확보하였다. 다음 단계(Level 2)로 업무 수행 조직 단위로 구조화하였다. 이는 영업, 견적, 재무, 계약, 엔지니어링, 구매, 시공 등 업무 영역 단위로 구분하여 이 조직 단위로 관리하기 위함이다. 마지막(Level 3)으로 리스크 요소로 리스크 관리 측면의 관리 대상이다. 리스크 요소(Level3)가 정량화되지 않거나 더욱 세분화할 필요가 있는 경우는 점검표(check List, Level 4)를 활용하여 단계가 늘어나는 것을 방지하였다.

[그림 4]
해외 건설
프로젝트
리스크 분류
체계 개념도

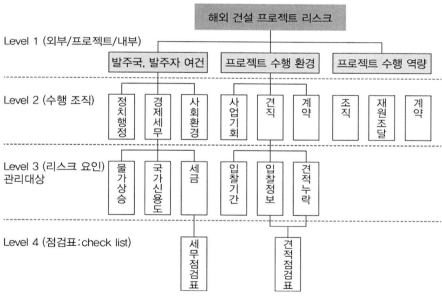

상기와 같은 RBS 개념하에서 세부 내용은 다음 표와 같이 총 58개의 리스크 요소를 제시한다. 여기에는 개발 프로젝트와 도급 프로젝

트 2가지 유형이 포함되었으며, 발주자, 원도급과 하도급을 모두 포함하였다. 따라서 프로젝트 유형과 위치에 따라 리스크 분류 체계와 항목을 선별하여 적용하면 된다.

[표 5] 해외 건설 프로젝트 리스크 분류 체계

대분류	중분류	리스크 요인	발생 시점	
			기획 단계	수행 단계
1. 발주국, 발주자 여건	1.1 정치행정	1.1.1 정치 불안정 리스크	→	→
		1.1.2 국가 부패 리스크	→	→
	1.2 경제세무	1.2.1 현지 물가 상승 리스크	→	→
		1.2.2 국가 신용도 부적격 리스크	→	→
		1.2.3 환율 변동 리스크	→	→
		1.2.4 세금 리스크	→	→
	1.3 사회환경	1.3.1 문화 차이 리스크	→	→
		1.3.2 공사 관련 민원 리스크		→
		1.3.3 현지 인력의 노동 생산성 부족 리스크		→
		1.3.4 현지 인력 고용 강제 리스크		→
	1.4 발주자	1.4.1 발주자와의 유대관계 부족 리스크	→	→
		1.4.2 발주자 재원 조달 역량 부족 리스크	→	→
		1.4.3 발주자 프로젝트 관리 역량 부족 리스크	→	→
		1.4.4 발주자 제공 설계도서 불명확 리스크	→	→
		1.4.5 계약 이외의 비공식 요구 리스크	→	→
2. 프로젝트 수행환경	2.1 사업기획	2.1.1 사업 타당성 부족 리스크	→	
		2.1.2 착공 가능성 불확실 리스크	→	
	2.2 재원 조달	2.2.1 재원 조달의 원천과 형태 리스크	→	
	2.3 파트너	2.3.1 파트너십 구도 리스크	→	→
		2.3.2 파트너사 신용도 부적격 리스크	→	→
	2.4 현장여건	2.4.1 현장 인프라 부족 리스크		→
		2.4.2 자연재해 리스크		→
	2.5 자원 조달	2.5.1 현지 인력 부족 리스크		→
		2.5.2 현지 자재 부족 리스크		→
		2.5.3 현지 건설 장비 부족 리스크		→
	2.6 견적	2.6.1 입찰 준비 기간 부족 리스크	→	
		2.6.2 입찰 정보 부족 리스크	→	
		2.6.3 견적 누락 리스크	→	
		2.6.4 투찰 금액 하향 조정 리스크	→	→

[표 5] 해외 건설 프로젝트 리스크 분류 체계(계속)

대분류	중분류	리스크 요인	발생 시점	
			기획 단계	수행 단계
2. 프로젝트 수행 환경	2.7 계약	2.7.1 계약 형태 리스크	→	→
		2.7.2 계약조항 불리 리스크	→	→
		2.7.3 공급 구분 불명확 리스크	→	→
		2.7.4 공사 기간 부족 리스크		→
		2.7.5 성능 보장 조건 불명확 리스크		→
3. 프로젝트 수행 역량	3.1 조직 관리	3.1.1 프로젝트 책임자의 역량 부족 리스크		→
		3.1.2 프로젝트팀 협업 부족 리스크		→
	3.2 엔지니어링	3.2.1 설계 관리 역량 부족 리스크		→
	3.3 구매	3.3.1 구매 일정 지연 리스크		→
		3.3.2 제작사 부도 리스크		→
		3.3.3 운송·통관 지연 리스크		→
	3.4 공사 관리	3.4.1 공사 계획 부적절 리스크		→
		3.4.2 현금 흐름 관리 역량 부족 리스크		→
		3.4.3 일정 관리 역량 부족 리스크		→
		3.4.4 계약 관리 역량 부족 리스크		→
		3.4.5 현장 노조파업 리스크		→
		3.4.6 HSE 관리 역량 부족 리스크		→
	3.5 현지화	3.5.1 현지 네트워크 구축 부족 리스크		→
		3.5.2 프로젝트팀 현지화 부족 리스크		→
	3.6 공사기술	3.6.1 해당 공종 기술, 경험 부족 리스크		→
		3.6.2 시공 오류, 하자, 재시공 리스크		→
	3.7 시운전	3.7.1 시운전 수행 리스크		→
		3.7.2 시운전 성능 실패 리스크		→
	3.8 종료	3.8.1 프로젝트 종료 리스크		→

chapter 02

리스크 관리 프로세스

프로젝트 리스크 관리 프로세스는 연구자별로 단계의 구분에서는 차이는 있으나 내용상으로는 정형화되어 있다. 프로젝트에 잠재된 리스크를 어떻게 관리할 것인지에 대한 계획을 수립하고, 이를 식별하고, 이 리스크들의 발생 가능성과 영향을 평가하여, 대응 방안을 마련하고, 이 방안을 실행하고 결과를 감시하는 5단계로 이루어진다.

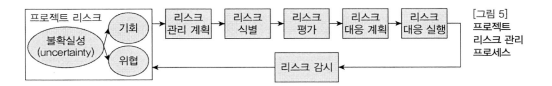

[그림 5]
프로젝트
리스크 관리
프로세스

2.1 리스크 관리 계획 수립(Risk Management Plan)

리스크 관리의 목적, 기준, 조직 및 절차를 수립하는 프로세스이다. 프로젝트 헌장과 프로젝트 관리 계획서에 명시된 상위 수준의 가정 및 제약조건 등을 참조하여 리스크 기준선을 설정한다. 프로젝트 관리 계획서에 명기된 절차와 연계하여 관리 방법 및 절차에 대한 내용을 작성한다. 이 프로세스를 통해 프로젝트팀원뿐만 아니라 이해관계자들이 리스크 관리의 수준과 유형을 동일하게 인지할 수 있다.

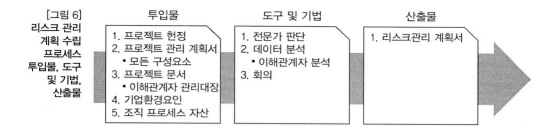

[그림 6]
리스크 관리
계획 수립
프로세스
투입물, 도구
및 기법,
산출물

리스크 관리 계획 수립 프로세스의 산출물은 프로젝트 관리 계획서의 투입물이 되므로 프로젝트 초기 단계에 완성해야 한다. 주요 입력물의 변경사항이 있을 경우 이를 반영하여 리스크 관리 계획서를 즉시 변경하고 후속으로 프로젝트 관리 계획서를 갱신하게 된다.

[그림 7]
리스크 관리
계획 수립
프로세스 정보
흐름도

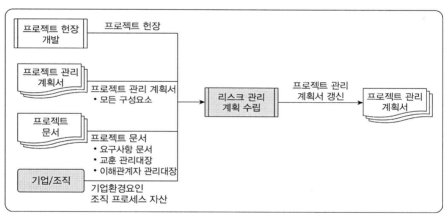

2.1.1 리스크 관리 계획 수립 : 투입물

1) 프로젝트 헌장

프로젝트 헌장에는 프로젝트의 목표, 마일스톤 등 리스크 관리의 목표 수준을 정의할 수 있는 사항들이 포함되어 있다.

2) 프로젝트 관리 계획서

리스크 관리 계획서는 프로젝트 관리 계획서의 하위 구성 요소이므로 프로젝트 관리 계획서가 정하는 정의, 프로세스, 도구 및 기법 등이 일치하여야 한다.

3) 프로젝트 문서

이해관계자 관리대장에는 이들의 상세 정보와 역할 및 리스크에 대한 태도 등의 정보가 제공된다. 이를 통해 프로젝트 리스크 한계선을 설정하는 데 참고할 수 있다.

4) 기업환경요인

기업의 경영환경에 따라 기업이 감내할 수 있는 리스크 한계선에 대한 정보를 얻을 수 있다.

5) 조직 프로세스 자산

조직이 가지고 있는 다음 자료들은 리스크 관리 계획 수립의 기초 정보들이다.

- 조직의 리스크 정책, 절차서, 리스크 분류 체계
- 리스크 관리 계획서, 리스크 관리대장, 리스크 보고서 등 과거 실적 자료
- 조직 의사 결정 권한
- 유사 프로젝트 교훈 등

2.1.2 리스크 관리 계획 수립 : 산출물

1) 리스크 관리 계획서

리스크 관리 계획서는 프로젝트 생애주기 동안 리스크 관리 활동의 목표와 방법을 기술하는 문서로, 프로젝트 관리 계획서의 일부이다. 이 계획서에는 다음 항목이 포함된다.

- 리스크 전략 : 프로젝트의 리스크 관리를 위한 전사 및 프로젝트 차원의 전략
- 방법론 : 프로젝트 리스크 관리를 수행하는 데 사용될 특정 접근 방식, 도구 및 데이터의 출처
- 조직 : 프로젝트 리스크 관리 조직 구성
- 역할 및 담당 : 리스크 관리 계획서에서 설명하는 활동 유형별 리더, 지원자, 팀원 및 담당 업무를 명확히 기술
- 시기별 활동 내용 : 프로젝트 생애주기에 걸쳐 리스크 관리 활동의 수행 및 점검 시기
- 리스크 분류 체계 : 개별 프로젝트 리스크 요소들을 계층적으로 분류하는 리스크 분류 체계(RBS)를 설명한다. RBS는 이미 개발된 일반적인 RBS를 사용할 수도 있고, 해당 프로젝트에서 개발할 수도 있다. 그러나 이미 개발된 RBS를 사용하는 것이 개발 기간도 줄일 수 있고, 신규 개발에 따른 오류도 줄일 수 있어 효율적이다.
- 이해관계자 리스크 선호도 : 프로젝트 주요 이해관계자들의 리스크 선호도를 문서화한다. 여기서 리스크 선호도란 프로젝트 목표에 대한 측정 가능한 한계선으로 표시된다.
- 리스크 확률-영향 정의 : 리스크 확률-영향 수준에 대한 정의는 프로젝트 환경에 따라 별도로 정의한다. 이는 조직과 주요 이해관계자의 리스크 선호도 및 한계선이 반영된다. 평가척도는 3~5개 수준으로 단순 프로세스는 3개 척도, 복잡한 프로세스는 5개 척도로 세분화한다. 더욱 복잡할 경우 7개 척도를 사용할 수 있다.

[표 6] 확률 – 영향 정의 예시

척도	확률	프로젝트 목표에 미치는 영향(+/−)		
		일정	비용	품질
매우 높음	>70%	6개월 초과	10% 초과	성능 보장에 영향
높음	51~70%	3~6개월	6~10%	전체 기능에 큰 영향
보통	31~50%	1~3개월	3~5%	주요 기능에 다소 영향
낮음	11~30%	1~4주	1~2%	단위 기능에 영향
매우 낮음	1~10%	1주	1% 미만	보조 기능에 영향
없음	<1%	변화 없음	변화 없음	기능에 영향 없음

- 보고 형식 : 리스크 관리 프로세스의 산출물에 대해 설명하고 보고서 형식을 정의한다. (리스크 관리대장)
- 추적 : 추적은 리스크 관리 활동을 기록하는 방법과 감시하는 방법을 문서화한다. (리스크 추적부)

2.2 리스크 식별(Risk Identification)

프로젝트에서 발생할 수 있는 리스크들을 식별하고 이를 문서화하는 프로세스이다. 리스크 식별방법으로는 기존의 자료를 바탕으로 프로젝트 상황에 맞게 가감하는 방법과 백지상태에서 찾아내는 방법이 있다. 이미 리스크 분류 체계에서 기존의 연구사례들을 언급해두었으므로, 이를 활용하여 가감하는 방법이 더욱 효율적이다.

리스크 식별은 프로젝트 착수 이전 단계인 사전 프로젝트 작업 단계인 이해관계가 요구사항 평가, 비지니스 케이스, 편익 관리 계획서를 작성할 때부터 프로젝트에 지대한 영향을 미치는 중요 리스크(major risk)에 대해서는 식별이 이루어진다. 그러나 여기서는 프로젝트 착수 이후 단계부터 리스크 관리 활동의 대상으로 삼기 때문에 프로젝트 착수 이전 단계의 리스크 식별 프로세스는 생략한다. 하지만 프로젝트 착수 이전 단계에서 식별된 리스크들을 포함해야 한다.

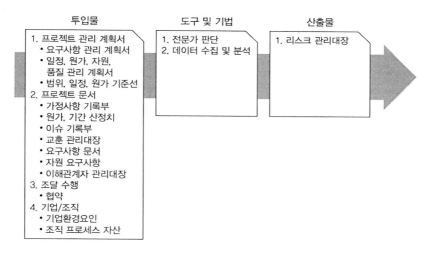

[그림 8]
리스크 식별
프로세스의
투입물, 도구
및 기법,
산출물

프로젝트 리스크는 프로젝트 생애주기 동안 발생하므로 리스크 식별 역시 프로젝트 이전 단계부터 프로젝트 종료 단계에 이르기까지 지속적으로 이루어져 한다. 또한 리스크 식별은 프로젝트팀원뿐만 아니라 이해관계자, 외부전문가 등 다른 시각을 가진 사람들로부터 찾아내는 것이 리스크 요소들의 누락을 방지하기 위하여 매우 중요하다.

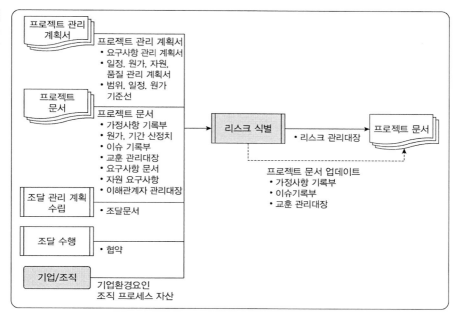

[그림 9]
리스크 식별
정보 흐름도

2.2.1 리스크 식별 : 투입물

1) 프로젝트 관리 계획서

- 요구사항 관리 계획서 : 프로젝트 이해관계자들로부터 작성된 요구사항 관리 계획서를 통해 이해관계자가 제시하는 목표들을 점검하여, 목표 값들이 도달하기 어려운 경우 리스크로 채택할 수 있다.
- 일정, 원가, 품질, 자원 관리 계획서 : 계획이 모호하거나 불확실할 경우 리스크로 채택할 수 있다.
- 범위, 일정, 원가기준선 : 달성하기 어려운 목표들로부터 리스크를 추출할 수 있다.

2) 프로젝트 문서

- 가정사항 기록부 : 가정사항은 변경될 수 있는 여지가 있으므로 리스크를 유발할 수 있다.
- 원가 및 기간 산정치 : 원가나 공기를 산정하는 과정에서 비합리적이나 과다하게 공격적으로 산정되었을 경우 리스크가 된다.
- 이슈 기록부 : 이슈는 해결되지 않을 경우 리스크로 전환될 가능성이 있다.
- 교훈 관리대장 : 유사 경험 프로젝트에서 발생된 리스크들을 통해 리스크를 추출한다.
- 자원 요구사항 : 자원 요구사항이 실현되지 않을 경우 리스크로 변환된다.
- 이해관계자 관리대장 : 리스크 식별에 참여할 수 있는 대상자를 확인한다.

3) 조달

프로젝트는 외부 공급자로부터 금융, 기자재, 시공, 인력 등 다양한 자원조달이 이루어진다. 즉, 공급자로 인해 리스크가 증가 혹은 감소될 수도 있다.

- 조달문서 : 조달 관리 계획서상의 리스크를 추출한다.
- 협약(Agreement) : 조달 수행 과정에서 외부 공급자와의 약속사항을 협약

서 혹은 계약서 형식을 통해 문서화된다. 이 문서를 면밀히 검토하여 리스크를 추출한다.

4) 기업환경요인

다음과 같은 기업환경요인 자료들로부터 리스크를 추출한다.

- 상용 리스크 데이터베이스 또는 check list
- 학술 연구 데이터
- 벤치마킹 결과
- 유사 프로젝트 산업연구 등

5) 조직 프로세스 자산

조직이 보유하고 있는 다음과 같은 자산 자료들로부터 리스크를 추출한다.

- 실행 프로젝트 리스크 파일
- 조직의 프로젝트 리스크 관리 절차
- 유사 프로젝트 check list 등

2.2.2 리스크 식별 : 산출물

1) 리스크 관리대장(Risk Register)

이 프로세스의 최종 성과물은 리스크 관리대장의 개발이며, 이는 다음 단계인 리스크 평가의 투입물이 된다. 리스크 관리대장은 프로젝트에 잠재된 모든 리스크를 추출하고, 이를 해결하는 전 과정에 대한 데이터베이스 형태의 장부이다. 이에 포함되어야 할 항목을 나열하면 다음 표 7과 같다. 리스크 식별 단계에서는 우선적으로 어떤 리스크가 존재하는지에 대해 기록하고, 이를 평가하고 해결하는 과정은 차기 프로세스에서 구체적으로 채우게 된다.

다음 예시는 앞의 리스크 분류 체계에서도 언급한 건설계약자 관점에서 안상목이 제시하는 RBS 중에서 일부를 발췌한 것이다. 따라서 발주자 혹은 금융사 관점에서는 리스크 분류와 리스크 요소를 달리 접근해야 한다.

[표 7] 리스크 관리대장_리스크 식별

① 리스크 번호	② 리스크 분류		③ 리스크 요소	④ 리스크 내용(원인)	⑤ 책임자	⑥ 유형	⑦ 등록일/ 제기자
1.1.2	발주국, 발주자 여건	정치행정	국가부패	정부 부패로 행정/인허가 지연	현지 법인장	위협	
1.2.1		경제세무	현지물가	현지 물가의 급격한 상승으로 원가 상승	원가 책임자	위협	
1.3.4		사회환경	노동 생산성	노동 생산성 부족으로 원가 상승 및 공기 지연	HR 책임자	위협	
1.4.2		발주자	재원 조달	재원 조달 실패로 프로젝트 속도 저하/중단	영업 책임자	위협	
2.1.1	프로젝트 환경	사업 기획	사업 타당성	사업 타당성 부족/충분	기획 책임자	위/기	
2.2.1		재원 조달	자금의 원천	과다 차입구조로 자금 조달 실패 가능성 高	영업 책임자	위협	
2.3.1		파트너	파트너십 구도	일방에 유리한 협약	영업 책임자	위/기	
2.4.2		현장여건	자연재해	보험가입 한도	원가 책임자	위협	
2.5.1		자원 조달	현지 인력 부족	용접공 부족	HR 책임자	위협	
2.6.3		견적	견적 누락	견적 정도 부족	견적 책임자	위협	
2.7.4		계약	공기 부족	표준 대비 계획 공기 부족	공정 책임자	위협	
3.1.1	프로젝트 수행 역량	조직 관리	PM(PD) 역량	해외 프로젝트 경험 부족	경영진	위협	
3.2.2		엔지니어링	설계기준	진출국 설계기준 미숙지	설계 책임자	위협	
3.3.3		구매	운송통관	항만 처리량 한도 초과	운송 책임자	위협	
3.4.6		공사 관리	현장파업	강성노조	HR 책임자	위협	
3.5.1		현지화	네트워크	네트워크 구축 부족/우수	현지 법인장	위/기	
3.6.1		공사기술	기술과 경험	시공경험 부족	현장소장	위협	
3.7.2		시운전	성능 보장	성능 보장 조건 高	시운전 책임자	위협	
3.8.1		종료	프로젝트 종료	유보금지불분쟁	PM	위협	

- 리스크 번호는 리스크의 지속적 관리를 위해 고유번호를 부여한다. 이는 리스크 식별을 체계적으로 식별할 수 있고, 리스크 중복을 방지할 수 있다. 뿐만 아니라 고유번호를 사용함으로써 이해관계자 간 의사소통이 효율적으로 이루어진다.
- 리스크 분류는 조직이 미리 정한 리스크 분류 체계이다.
- 리스크 요소는 관리 차원의 리스크 명이다.
- 리스크 내용은 리스크의 발생 원인을 규명한 것이다.
- 책임자는 리스크 요소별 관리 책임자로 해당 조직의 리더가 된다. 이 단계에서는 프로젝트팀원이 확정되지 않을 수 있으므로 담당자가 정해지지 않을 수 있어 우선적으로 책임자를 선임한다.
- 유형은 리스크가 위협요인인지 기회요인인지를 구분한 것이다. 리스크 내용에 따라 위협과 기회가 공존할 수 있다.
- 등록일은 리스크를 최초로 식별한 일자이며, 제기자는 리스크를 제기(issuer)한 개인이나 조직이며, 회사별 표준 RBS인 경우 '회사표준'임을 기록한다.

2.3 리스크 평가(Risk Assessment)

리스크 평가의 궁극적 목적은 리스크의 금전적 기대값(Expected Money Value : EMV)을 산출하는 데 있다. 이렇게 추정된 EMV는 예비비(contingency)로 프로젝트 비용에 반영되고, EMV의 크기에 따라 관리 측면에서 등급을 결정한다.

EMV는 리스크의 발생 개연성 지수와 이 리스크가 발생함에 따른 프로젝트에 미치는 영향도(손실 혹은 이득 금액)의 곱으로 계산된다.

$$EMV = 개연성\ 지수 \times 영향도(금액)$$

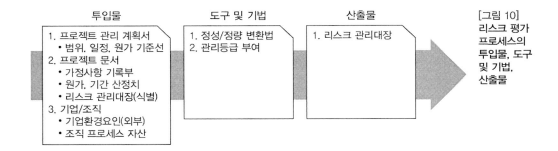

투입물	도구 및 기법	산출물
1. 프로젝트 관리 계획서 • 범위, 일정, 원가 기준선 2. 프로젝트 문서 • 가정사항 기록부 • 원가, 기간 산정치 • 리스크 관리대장(식별) 3. 기업/조직 • 기업환경요인(외부) • 조직 프로세스 자산	1. 정성/정량 변환법 2. 관리등급 부여	1. 리스크 관리대장

[그림 10]
리스크 평가
프로세스의
투입물, 도구
및 기법,
산출물

리스크 평가의 투입물은 리스크 식별이 완료된 리스크 관리대장과
원가 및 기간산정치가 기초이다. 개연성 지수를 개발하기 위한 근거
는 조직 내부뿐만 아니라 외부로부터도 자료를 구해야 한다.

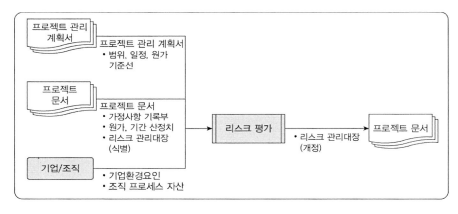

[그림 11]
리스크 평가
정보 흐름도

2.3.1 리스크 평가 : 투입물

1) 개연성 지수(Likelihood index)

개연성 지수는 리스크 요소별 개연성 평가지수로 정량적 데이터로
산출되어야 한다. 이는 반드시 확률을 의미하지는 않으며, 평가등급 혹
은 발생 일수 등 EMV를 산출하는 데 필요한 데이터이다. 리스크 요소
에 따라 계량화 데이터를 얻을 수 없는 경우라도 반드시 정량적 수치로
변환해야 EMV를 산출할 수 있다. 리스크 요소별 정보원(resources)은
조직 내부에서 보유할 수도 있고 외부에서 얻을 수도 있다.

[표 8] 리스크 개연성 지수 및 정보원 예시

리스크 번호	리스크 분류		리스크 요소	개연성 지수	정보원
1.1.2	발주국, 발주자 여건	정치행정	국가부패	국가 부패 인식 지수	국제부패방지위원회
1.2.1		경제세무	현지물가	물가상승률	국가별 재경부
1.3.4		사회환경	노동 생산성	건설 노동 생산성 지수	국가별 재경부건설부 등
1.4.2		발주자	재원 조달	발주자 신용등급	신용평가기관 (무디스 등)
2.1.1	프로젝트 환경	사업 기획	사업 타당성	ROI	국제평가기관
2.2.1		재원 조달	자금의 원천	자기자본 비율	국제평가기관
2.3.1		파트너	파트너십 구도	협약형태	내부 자료
2.4.2		현장 여건	자연재해	자연재해율	국가별 환경부
2.5.1		자원 조달	현지 인력 부족	현지 노무자 비율	주정부/내부 조사
2.6.3		견적	견적 누락	Check list	내부 자료
2.7.4		계약	공기 부족	표준공기	내부 자료
3.1.1	프로젝트 수행역량	조직 관리	PM(PD) 역량	프로젝트 경력(연수)	내부 자료
3.2.2		엔지니어링	설계기준	자체 평가 등급	내부 자료
3.3.3		구매	운송통관	항만 처리량	내부 자료
3.4.6		공사 관리	현장 파업	파업 통계	노동부
3.5.1		현지화	네트워크	현지 컨설턴트 계약실적	내부 자료
3.6.1		공사기술	기술과 경험	자체 평가 등급	내부 자료
3.7.2		시운전	성능 보장	자체 평가 등급	계약서

2) 영향도

건설 프로젝트 리스크의 영향도는 계약금액 비율이나 영향금액으로 표현되며, 프로젝트 원가 산정 기준과 산식에서 추출할 수 있다. 예를 들어 '공사 기간 부족 리스크'라면 공기가 최대 6개월 지연이 예상될 경우 이 기간 중 조직 운영비와 건설계약자인 경우 공기 지연 배상금이 포함된다.

2.3.2 리스크 평가 : 산출물

1) 리스크 관리대장

리스크 평가가 완료되면 리스크 관리대장에 평가 결과를 기록한다.

[표 9] 리스크 관리대장_리스크 평가

리스크 번호	리스크 요소	① 개연성 지수	② 영향도	③ EMV (억 원)	④ 리스크 비용 (억 원)	⑤ 관리 등급
1.1.2	국가부패	CPI 55	공사 0.1%	5	–	F
1.2.1	현지물가	연평균 11%	공사 2%	50	25	C
1.3.4	노동 생산성	40%	공사 10%	500	250	A
1.4.2	재원 조달	신용등급 B	없음	–	–	F
2.1.1	사업 타당성	ROI 8%	1%	100	50	C
2.2.1	자금의 원천	자기자본 비율 30%	–	–	–	F
2.3.1	파트너십 구도	연대보증	3%	300	150	B
2.4.2	자연재해	지진강도 5.0	0.5%	50	25	D
2.5.1	현지인력부족	외지 인력 충원 비율 50%	공사 1.5%	75	37.5	D
2.6.3	견적 누락	Check list 충족률 90%	5%	500	250	A
2.7.4	공기 부족	표준 대비 6개월 부족	공사 15%	750	375	A
3.1.1	PM(PD) 역량	해외 프로젝트 수행 경력 3년	0.5%	50	25	E
3.2.2	설계기준	배관 현지 설계 경험 無	설계/구매 1%, 공사 2%	300	150	B
3.3.3	운송통관	항만 물동 처리량	구매 1%	100	50	C
3.4.6	현장파업	파업률	공사 2%	100	50	C
3.5.1	네트워크	네트워크 확보율 100%	공사(+) 10%	△500	△250	기회
3.6.1	기술과 경험	수행 실적 2건	공사 3%	150	75	C
3.7.2	성능 보장	수행 실적 2건	설계/구매 4%	300	150	B
3.8.1	유보금 미수령	발주자 사례 50%	2.5%	250	125	C
⑤ 합계(EMV, 리스크 비용)				3,080	1,537.5	

* 주) EMV는 프로젝트 총비용 1조 원 가정(설계/구매 : 5,000억 원, 공사 : 5,000억 원)

- 개연성 지수는 정량적 데이터로 변환되어야 한다. (예시 : 물가 상승률 연
  평균 11%, 자기자본 비율 30% 등)

- 영향도는 금액이나 비율로 금액으로 산출되어야 한다.
- EMV는 개연성 지수와 영향도의 곱으로 산출된다.
- 리스크 비용은 조직의 리스크 정책이나 리스크 관리위원회의 승인을 득한 금액이다. 산출된 EMV를 전액 리스크 비용으로 전환하게 되면, 리스크 비용이 과다하게 산출되어 발주자 측면에서는 프로젝트 비용을 감당할 수 없게 되고, 건설계약자 측면에서는 원가경쟁력이 떨어지게 된다. 따라서 반영비율을 리스크 정책으로 설정하거나 전사 리스크 관리위원회에서 결정한다. 회사의 리스크 관리 실적이 쌓일수록 반영 비율을 점진적으로 높이는 것이 바람직하다. (상기 예시는 EMV의 50%를 적용하는 것으로 승인 받았다고 가정하였음)
- 관리 등급은 등급 외(F등급)로 평가될 경우, 이 리스크는 관리 대상에서 제외한다. 그러나 향후 프로젝트 진행 과정에서 다시 살아날 수도 있으므로, 원장에서는 엑셀의 숨기기 기능을 활용하여 리스크 항목으로 살려두는 것이 편리하다.
- EMV와 리스크 비용 합계는 개별 리스크 비용의 합이다. EMV와 리스크 비용의 차이는 조직의 리스크 관리 역량의 정량적 지표이다. 상기 예시가 의미하는 바는 1조 원 프로젝트에서 리스크로 나타날 수 있는 비용은 3,080억 원(30.8%)으로 리스크 관리를 통해 1,537.5억 원(15.4%) 이내로 줄이겠다는 것이다.

2.4 리스크 대응 계획(Risk Response Plan)

　리스크 평가가 완료되면 리스크별로 대응 계획을 수립하는 프로세스이다. 리스크 노출도를 낮추기 위한 옵션을 마련하고 전략을 선정한 후 대응 조치에 합의하는 과정을 거친다. 이를 통해 리스크별 대응 방법을 찾을 수 있고, 필요에 따라 자원을 할당할 수 있다.

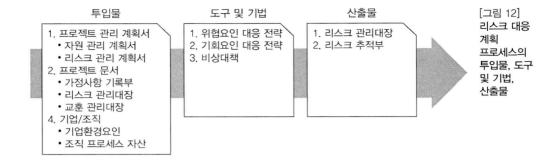

투입물	도구 및 기법	산출물
1. 프로젝트 관리 계획서 • 자원 관리 계획서 • 리스크 관리 계획서 2. 프로젝트 문서 • 가정사항 기록부 • 리스크 관리대장 • 교훈 관리대장 4. 기업/조직 • 기업환경요인 • 조직 프로세스 자산	1. 위협요인 대응 전략 2. 기회요인 대응 전략 3. 비상대책	1. 리스크 관리대장 2. 리스크 추적부

[그림 12]
리스크 대응
계획
프로세스의
투입물, 도구
및 기법,
산출물

리스크 대응 계획의 핵심 투입물은 리스크 평가가 완료된 리스크 관리대장이다. 교훈 관리대장은 대응 계획 수립이 응용력을 높이는 데 유용한 자료가 된다.

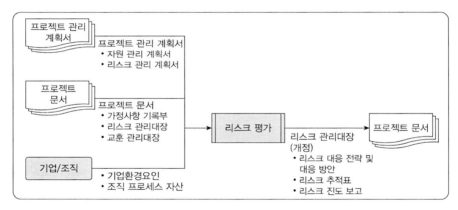

[그림 13]
리스크 대응
계획 : 데이터
흐름도

2.4.1 리스크 대응 계획 : 투입물

1) 리스크 관리대장

리스크 대응은 리스크 발생의 원인을 정확히 파악하는 것이 출발점이다. 리스크 식별 프로세스에서 리스크 내용(원인)을 이미 파악한 바 있으므로 이를 토대로 대응 계획을 수립한다.

2) 교훈 관리대장

실행력이 담보된 리스크 대응 계획을 수립하기 위해서는 기존 프로젝트의 경험지식을 최대한 활용하는 것이 바람직하다. 특히 2번 이상 동일한 리스크가 발생했던 전략의 선택은 신중을 기한다.

2.4.2 리스크 대응 계획 : 도구 및 기법

리스크 대응 전략은 리스크 발생 시 프로젝트 목표 달성에 위협요인이 되는 경우와 기회요인으로 작용하는 경우로 구분하여 접근한다. 위협요인은 최소한으로 경감시키고 기회요인은 최대한 증대시키는 것이 기본 전략이다.

1) 위협요인 대응 전략

위협요인을 최소한으로 경감시키는 방법으로는 우선적으로 회피하거나 타인에게 전가하고, 완화한다. 이 3가지 방법으로도 해결할 수 없을 경우는 수용하게 된다.

- 회피(Avoidance) : 리스크 자체를 받아들이지 않는 전략이다. 리스크의 크기가 조직이 설정한 허용 수준(risk tolerance)을 초과할 경우에 이를 사용하게 된다. 따라서 실질적 선택이 쉽지 않은 방안으로 계약 이전 단계에서는 유용한 선택지가 된다. 실행 단계에서는 계약서에 계약 종결(termination), 면책 조항을 활용하는 것이 한 예이다.
- 전가(Transfer) : 리스크로 인해 발생할 손실에 대해 그 책임을 제3자에게 넘기는 것이다. 이는 실질적으로 리스크 발생에 대한 결과를 제거하는 것은 아니다. 여기서 제3자는 파트너사, 제작사, 하도사 등이다. 원도급 건설 계약자는 하도사에게 자신의 리스크를 그대로(back to back) 전가하려는 경향이 있다. 그러나 하도사의 규모와 관리 역량이 부족할 경우에는 오히려 더욱 심각한 2차 리스크를 야기할 수 있다. 공사보험은 리스크 전가의

전형적인 예이다.

- 완화(Mitigation) : 리스크를 수용하되 그 발생 가능성을 적게 하거나 손실 규모를 줄이는 전략이다. 그러나 리스크를 완화했다고 하나 경우에 따라서는 알려지지 않은 잔여 리스크가 남게 된다. 또한 2차 리스크가 수반될 수 있다. 따라서 이 전략을 선택할 경우에는 잔여 리스크와 2차 리스크에 대비해야 한다. 계약서상에 책임한도를 두는 것이 한 예이다.
- 수용(Acceptance) : 주어진 리스크로 인하여 발생할 결과 값들을 그대로 받아들이는 전략이다. 대응 방안으로는 발생할 리스크에 대해 단계별 비상계획(Contingency plan)을 수립하고, 실제 발생 시에 이 계획에 의거하여 실행한다. 또한 예비비를 예산에 반영하여 이로 인한 손실을 보존하는 대비책이 이루어져야 한다.

2) 기회요인 대응 전략

기회요인을 최대한 증대시키는 전략으로는 활용 극대화, 공유 최대화, 개선 방안 마련 등이 있다.

- 활용(exploitation) : 리스크 발생과 관련된 불확실성을 제거하여 가능한 한 프로젝트에 기회가 될 수 있도록 하는 전략이다. 전문성을 보유한 우수 인력을 확보하거나 인증된 신기술을 적용하는 전략이다.
- 공유(sharing) : 프로젝트 목표 달성을 저해하는 리스크에 대응하기 위해 프로젝트 분야별 업무를 전문 기관에 분담하여 리스크를 해결하려는 전략이다. 설계는 설계 전문 회사에 위임하고, 설비 제작은 제작 전문 회사에 위임하며, 시공은 시공 전문 회사에 위임하여 프로젝트 리스크를 공유함으로써 리스크를 해결하는 전략이다. 일반적으로 공동 계약 또는 컨소시엄 계약 형태를 말한다.
- 개선(enhancement) : 프로젝트 리스크에 대응하기 위해 보다 더 능력 있는 인력을 투입하거나, 보다 기능이 탁월한 장비를 투입하거나, 또는 추가로 자원을 투입하여 리스크를 해결하는 전략이다.

3) 비상 계획(contingency plan)

비상 계획은 자연재해나 전제조건의 변화 등으로 환경이 급격하게 변경되어 수립된 대응 방안이 정상적으로 작동될 수 없을 경우 대응하는 방안이다. 현장 노조의 파업이 격화될 에 대비하여 단계별 조치 계획을 마련하는 것이 비상 계획의 대표적 사례이다.

2.4.3 리스크 대응 계획 : 산출물

1) 리스크 관리대장

리스크 대응 전략을 선정하게 되면 아래와 같이 리스크 관리대장에 리스크 전략과 리스크 대응 방안을 기록한다.

[표 10] 리스크 대응 전략 및 대응 방안 수립 예시

리스크 번호	리스크 요소	리스크 내용(원인)	관리 등급	① 전략	② 대응 방안	③ 담당자
1.2.1	현지물가	현지 물가의 급격한 상승으로 원가 상승	C	D>A	계약 반영 → 견적 반영	
1.3.4	노동 생산성	노동 생산성 부족으로 원가 상승 및 공기 지연	A	M	직업훈련	
2.1.1	사업 타당성	사업 타당성 부족/충분	C	D	철수	
2.3.1	파트너십 구도	일방에 유리한 협약	B	A	우수 파트너 선정	
2.4.2	자연재해	보험가입 한도	D	T	공사보험 특약	
2.5.1	현지 인력 부족	현지 용접공 부족	D	M	외지 인력 충원	
2.6.3	견적 누락	견적 정도 부족	A	M	Check list 확인	
2.7.4	공기 부족	표준 대비 계획공기 부족	A	D>A	계약 반영 → 급속 비 반영	
3.1.1	PM(PD) 역량	해외 프로젝트 경험 부족	E	A	적임자 선임	
3.2.2	설계기준	진출국 설계기준 미숙지	B	M	기준점검	
3.3.3	운송통관	항만 처리량 한도 초과	C	M	공정조정	
3.4.6	현장 파업	강성노조	C	A	노조 관리 강화	
3.5.1	네트워크	네트워크 구축 부족/우수	기회	E	현지 컨설턴트 활용	
3.6.1	기술과 경험	시공 경험 부족	C	M	유경험 파트너 구성	
3.7.2	성능 보장	성능 보장 조건 高	B	A	실적 Licensor 확보	
3.8.1	유보금 미수	유보 금지 불분쟁	C	D	소송	

- 전략 선정 : 리스크 전략은 리스크 구도 및 기법에서 설명한 전략 중에서 적절한 전략을 선정하되, 하나의 전략만을 구사하지 않고 1단계 전략이 실패했을 경우 2단계 전략을 구사할 수 있고, 2가지 이상의 전략을 동시에 사용할 수도 있다.

  회피(avoidance) : D, 완화(mitigation) : M, 전가(transference) : T, 수용(acceptance) : A, 활용(exploitation) : E, 공유(sharing) : S, 개선(enhancement) : H
- 대응 방안 : 대응 방안은 선정된 리스크 전략에 대한 구체적 방안을 기록한다.
- 담당자 : 이 단계에서는 리스크별 해결책임자가 소속의 담당자를 지정하여 대응 방안의 실행력을 높인다.

2) 리스크 추적표

리스크 관리대장은 리스크 전체에 대한 요약본이며, 리스크별로는 리스크 추적표를 작성하여 실행 현황을 체계적이고 지속적으로 관리한다.

[표 11] 리스크 추적표

리스크 번호	2.7.4	리스크 요소	공기 부족	관리 등급	A
식별일	1st Jan.	식별자	표준 RBS	담당자	구공정
개연성 지수	표준 대비 6개월 부족	영향도	공사 15%	EMV/Contingency	750/375
리스크 내용	발주자 요구공기가 회사 표준공기 대비 6개월 공기 부족				
대응 전략/방안	D) 계약 협상 과정에서 공기 연장 요구 A) 급속공기 비용 견적 반영, 급속공정 반영 공정 수정				
비상계획	급속공정 반영 수정공정표의 공기 준수 불가시 수주 중단(drop)				
리스크 대응현황					기록일
•					
•					
•					
•					
종결 처리 사유				일자	승인자

2.5 리스크 대응 실행(Risk Implementation)

리스크 대응 계획에 따라 대응 활동을 전개하는 프로세스이다. 위협요인은 최소화하고 기회요인은 최대화하는 리스크 대응 기본 전략에 기초하여 실행한다.

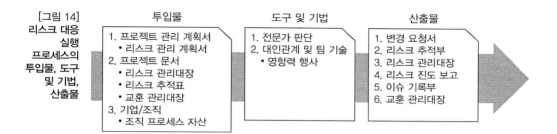

[그림 14]
리스크 대응 실행 프로세스의 투입물, 도구 및 기법, 산출물

리스크 대응 실행의 핵심 투입물은 리스크 대응 계획에서 수립된 리스크 관리대장과 리스크 추적부이다. 교훈 관리대장은 대응 실행에 있어 응용력을 높이는 데 유용한 자료가 된다.

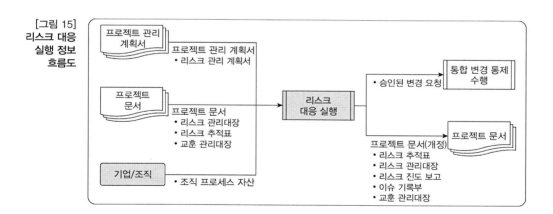

[그림 15]
리스크 대응 실행 정보 흐름도

2.5.1 리스크 대응 실행 : 투입물

1) 리스크 관리 계획서

리스크 관리 계획서에는 리스크 대응 실행 활동의 방법, 주관부서, 역할 등이 기술되어 있으므로 이를 준수한다. 특히 이해관계자의 리스크 선호도를 기반으로 하는 프로젝트 리스크 한계선 내에서 리스크를 관리한다.

- 리스크 관리대장과 리스크 추적표 : 이 프로세스의 주요 투입물로 이 프로세스 결과들은 리스크 추적표에 상세히 기록된다.
- 교훈 관리대장 : 실행 과정에서도 기존 프로젝트의 경험지식은 유용한 해결책을 제시해준다.

2.5.2 리스크 대응 실행 : 산출물

1) 변경 요청

리스크 대응 실행 과정에서 리스크가 한계선을 넘을 경우 변경 요청을 제기할 수 있다. 이 변경 요청은 통합 변경 통제 수행 프로세스를 통해 검토되고 처리된다.

2) 리스크 추적표

리스크 대응 실행 활동 결과는 리스크 추적표에 기록한다.

[표 12] 리스크 추적표_리스크 대응 실행

리스크 번호	2.7.4	리스크 요소	공기 부족	관리 등급	A
식별일	1st Jan.	식별자	표준 RBS	담당자	
개연성 지수	표준 대비 6개월 부족	영향도	공사 15%	EMV/Contingency	750/375
리스크 내용	발주자 요구공기가 회사 표준공기 대비 6개월 공기 부족				
대응 전략/방안	D) 계약 협상 과정에서 공기 연장 요구 A) 급속공기 비용 견적 반영, 급속공정 반영 공정 수정				
비상 계획	급속공정 반영 수정공정표의 공기 준수 불가 시 수주 중단(drop)				
① 리스크 대응현황				기록일	
• 발주자와 추가공기 6개월 계약 협상(2개월 추가 합의)				15th Feb.	
• 급속공기 비용 산정 및 견적 반영 완료					
• 급속공정 반영 수정공정표 제출 완료				28th Feb.	
• 공정진도 2% 차이 발생(계획 5%, 실적 3%)					
• 지연공구 인력/장비 추가투입(인력 100명 → 150명, 항타기 3대 → 5대)				31st May	
② 종결 처리 사유			일자	승인자	

① 리스크 대응 현황

리스크 대응 방안에 의거하여 실행한 실적과 현재 상황을 기록한다. 이벤트가 발생할 경우 주기적으로 기록한다(예시 : 월간 단위).

② 종결 처리

리스크가 종결될 경우 그 사유를 기재하고 리스크 책임자의 승인을 득하여 종결 처리한다. 종결 처리 프로세스와 전결권은 리스크 관리 계획서에 포함되어 있다.

3) 리스크 진도 보고

프로젝트팀의 리스크 관리 조직은 감시활동을 요약하여 이해관계자, 전사 리스크 관리 조직 등 리스크 관리 계획서에 언급된 프로세스에 따라 보고하고 피드백을 받는다.

4) 이슈 기록부

리스크 대응 실행 과정에서 식별되는 이슈들은 이슈 기록부에 등록하여 지속 관리한다.

5) 교훈 관리대장

리스크 대응 실행 과정에서 경험한 지식들은 교훈 관리대장에 즉시 등록하여 조직의 지식자산이 될 수 있도록 한다.

2.6 리스크 감시(Risk Monitoring)

리스크 대응 계획에 따라 대응 활동을 전개하고 그 결과를 확인하는 프로세스이다. 계획 대비 실적의 차이를 비교하여 대응 성과를 확인하고, 차이가 있을 경우 적절한 조치를 취한다. 또한 식별된 리스크의 변화를 추적하고, 새로운 리스크와 잔존 리스크 및 2차 리스크를 확인하여 리스크를 재평가하고 대응 계획을 갱신한다.

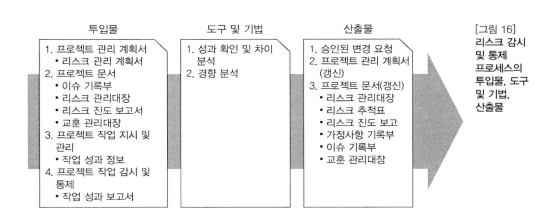

[그림 16]
리스크 감시
및 통제
프로세스의
투입물, 도구
및 기법,
산출물

리스크 감시 및 통제의 핵심 투입물은 리스크 대응 실행의 결과가 기록된 리스크 관리대장, 리스크 추적부 및 리스크 진도 보고서이다. 프로젝트의 성과 보고서는 차이 분석의 기초자료이다.

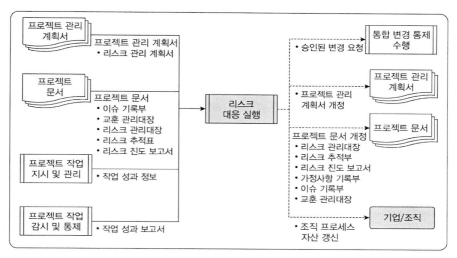

[그림 17]
리스크 감시
정보 흐름도

2.6.1 리스크 감시 : 투입물

1) 리스크 관리 계획서

리스크 관리 계획서에는 리스크 감시 시점과 주기 등 리스크 감시 방법에 대해 기술되어 있으므로 이를 준수한다. 특히 이해관계자 및 리스크위원회 등 상위기관과의 의사소통을 통해 조직 차원의 감시활동이 이루어지도록 한다.

2) 프로젝트 문서

- 이슈 기록부 : 프로젝트 수행 과정에서 발생되는 각종 이슈들은 해결되지 않을 경우 신규 리스크로 전환될 수 있으므로 지속적으로 추적한다.
- 교훈 관리대장 : 감시 과정에서 대응 방안에 대한 아이디어는 과거의 실적을 통해 모색할 수 있다.
- 리스크 관리대장 : 리스크 대응 전략과 대응 방안을 기초로 리스크 감시활동을 전개한다.
- 리스크 보고서 : 개별 리스크의 개연성 지수와 영향도 평가의 세부 내용은 감시활동에서 차이 분석의 기초산식을 제공한다.

3) 작업성과 정보 및 보고서

프로젝트 수행성과 결과들은 리스크 활동 평가의 기초정보이다. 성과보고서를 통해 성과 측정치의 세부 내역을 얻을 수 있다.

2.6.2 리스크 감시 및 통제 : 산출물

1) 변경 요청

리스크 감시활동의 결과로 프로젝트 관리 계획서의 원가 및 일정 등에 대한 변경 요청이 제기될 수 있다.

2) 리스크 관리대장

리스크 관리대장을 최신 정보로 갱신한다. 신규 리스크, 2차 리스크, 잔존 리스크를 포함한다.

3) 리스크 추적표

리스크 감시 및 통제활동의 결과들을 리스크 추적표에 기록한다.

4) 리스크 진도 보고

리스크 감시 및 통제활동의 결과를 리스크 관리 계획서상의 보고 프로세스에 의거하여 보고하고, 피드백을 받는다.

5) 가정사항 기록부

리스크 감시 및 통제활동 과정에서 도출된 새로운 가정사항이나 제약조건들을 식별하고 가정사항 기록부를 개정한다.

6) 이슈 기록부

리스크 감시 및 통제활동 과정에서 도출된 새로운 이슈들을 등록

하고 관리한다.

7) 교훈관리대장

리스크 감시 및 통제활동 과정에서 경험한 지식들을 교훈관리대장에 기록하여 해당 프로젝트 혹은 차기 프로젝트에 활용한다.

chapter 03

리스크 관리 사례

3.1 해외 건설 프로젝트 리스크 관리

해외 건설 프로젝트를 수행하는 데 건설계약자 관점에서 '리스크 관리 사례들을 소개하고자 한다. 안상목(2018)이 제시하는 리스크 분류 체계(1.6항)에 의거 리스크 요인 중에서 발생빈도가 높고 영향도가 큰 것들을 선정하였다.

리스크 요인	사건 개요 (Event, Cause)	영향 (Impact)	대응 (Response)	Lessons Learned
환율 변동	• 브라질 헤알화가 계약 시점(1미불 : 2.1헤알) 대비 실행 시점(1미불 : 4.4헤알)로 헤알화 50% 수준으로 평가 절하 • 브라질 경기침체가 주 요인	• 한국인 인건비 2배 상승 • 이익금 한국으로 송금 시 50% 감소	환헤지 시행하였으나, 전체를 보장받지는 못하였음	계약통화를 USD로 하는 것이 최선 불가할 시 현지 분 일부라도 USD로 계약
문화 차이	이슬람은 종교가 국가 법령보다 상위에 있어 각종 기도시간, 라마단 등 휴일이 별도로 존재	기도 시간과 공간의 할애로 인한 노동시간 단축 및 원가 상승	이슬람 시간표에 맞추어 공사 기간 산정	공정 계획 수립 시 이슬람 달력을 준용
노동 생산성	현지 인력의 노동 생산성을 한국 대비 68%로 계약하였으나 실제 25~50% 수준	계획 대비 현장 공사 진척도가 늦어짐(원가 상승 및 공기 지연)	• 한국인 근로자 (용접공) 대거 투입(원가 상승 불가피) • 근로의욕 고취 활동 전개 (포상 등)	현장 인근의 건설 노동자들의 생산성 조사 철저 시행
현지 인력 고용 강제	발주국은 자국민의 일자리 창출을 위해 외국기업 인력 대비 현지 인력 고용 강제 규정을 시행하고 있음 (아시아, 중남미 등)	• 현지 인력의 역량이 낮음 • 한국인과의 소통 어려움 • 원가 상승 초래	• 인력 채용 시 전 근무지 연락처를 받아 검증 • 실무시험, 현장 교육 실시	수습 기간(통상 3개월)을 활용하여 정식채용 여부 결정

리스크 요인	사건 개요 (Event, Cause)	영향 (Impact)	대응 (Response)	Lessons Learned
발주자 재원 조달	• 프로젝트 진행 과정에서 재원 조달이 원활하지 않음 • 발주자의 신용도 저하	• 프로젝트 중단, 순연 • 수금 지연으로 cash unbalance	현지법인 자금 부족으로 본사 차입	발주자 신용도가 투자 부적격일 경우 수주 여부 신중 검토
발주자 프로젝트 관리 역량	발주자가 3개사로 구성됨에 따라 프로젝트 관리 규정이 없음	• 발주자 승인 건별로 프로세스 혼선 및 변경 • 의사 결정 지연 및 시간 손실	발주자 내부 프로세스 정립 촉구	발주자 PM 역량 파악 필요
현장 여건 (물류)	• 현장 인근 부두의 통관 지연 • 부두 신설에 따른 운영 역량 부족	체선 및 체화료 발생(계약금액의 3% 수준)	• 통관팀 보강 • 운송 일정 조정 • 발주자향 클레임 청구	통관 처리 양에 대한 실적 기준 자료 수집
계약자 조직 관리 (협업 부족)	• 메가 프로젝트의 경우 다양한 조직원들로 프로젝트팀 구성 • 집단은 5단계로 형성됨 (형성기, 격동기, 규범기, 수행기, 해산기)	• 형성기와 격동기에 내부 갈등이 심함 • 의사 결정 지연 • 보이지 않는 손실 발생	• 다양한 팀파워 활동 전개 • 집단 응집성 지수 평가	대형 프로젝트 일수록 초기 조직 역량 결집에 집중
HSE 관리 역량	• 국가별, 발주자별 HSE 요구 수준이 상이 • 국가보다 강한 HSE 기준 운영	• 안전관리자 배치인력 예산 대비 과다 집행 • 작업허가서 획득에 시간과 노력 소모	• 발주국 HSE 기준 준용 요구 (거절)	발주자의 HSE 수준에 대한 정확한 이해(경험 필요)
프로젝트 종료	계약상 의무사항을 완료하였음에도 불구하고 유보금 지급 지연	유보금은 수익의 일부이므로 Cash flow에 악영향	• 수금조직 현지 잔류 • 소송	발주자가 신사적 유보금 지급 여부 사전 파악

3.1.1 WSDOT 리스크 관리 시스템

Project Title: US 101, Cooper Point Rd Interchange
Project File #:
Date: 20-Sep-05
Project Mngr: Joe Smith
Telephone Number: (xxx) xxx-xxxx

PROJECT RISK MANAGEMENT PLAN

		Risk Identification					Qualitative Analysis				Response Strategy			Monitoring and Tracking		
Priority	Status / ID #	Date Identified / Project Phase	Functional Assignment	Threat/Opportunity Event	SMART Columns	Risk Trigger	Type	Probability	Impact	Risk Matrix	Strategy	Response Actions including advantages and disadvantages	Affected Project Activity	Responsibility (Task Manager)	Status Interval or Milestone Check	Date, Status and Review Comments
1	Active / 1	9/25/2005 / Design-PS&E	Hydraulics	The City of Olympia Hydraulic Engineer proposes to spend a windfall at Capital Lake may be physically constrained by designing a light shell stormwater conveyance system across US 101-RSW toward Capital Lake	The diversion of these flows currently to outfall at Capital Lake but the consequence of these flows is no small issue. The current US 101 the apparent flow issues - 25 cfs	If there isn't a way to remove the water the problem won't be addressed	Cost / Scope	Very High	High		Acceptance	Many factors will need to be considered	None	CR Hydraulic Engineer		
2	Active / 2	9/25/2005 / Design-PS&E	Risk	Additional Right of Way may be needed	Depending on what way the water is diverted from the college campus, addt'l way may be needed for the new stormwater system to be installed	Location of stormwater system has been determined	Scope / Cost	Very High	Moderate		Acceptance	Once the right of way needs have been determined the regional Real Estate office will be contacted		Joe Smith		

3.2 리스크 기반 견적(THE RISK-BASED ESTIMATE)

3.2.1 개요

견적[16]이라는 단어 앞에 '정확한'이나 '틀림없는'이라는 형용사를 붙이면 안 된다. 왜냐하면 견적이라는 단어 자체가 갖는 의미가 '정확하지 않다'라는 것이다. 견적은 프로젝트의 여러 단계에 걸쳐 완성되어간다. 여러 단계라 함은 계획, 조사, 설계, 공사, 운영 등이 될 수 있다. 프로젝트에 사용되는 견적 방법과 그 정밀도는 견적할 당시에 원가관리사(Cost Estimator)가 가지고 있는 정보의 수준과 연관되어 있다. 프로젝트의 특정 단계에서 견적이 가능한 범위에서 완전하

---

16) 견적(見積)이라 함은 어떤 일을 하는 데 필요한 비용 따위를 미리 어림잡아 계산함. 또는 그런 계산. '어림셈'으로 순화.

게 구성하고, 리스크 기반 견적(Risk-Based Estimate; 이하 RBE 라 함) 프로세스에서 이러한 추정치를 사용하게 되면 신뢰할 만한 견적 결과물을 얻어낼 수 있을 것이다.

원가관리사는 자금의 한계 때문에 초기 예산이나 요구되는 비용 내에서 견적을 해야 한다는 압박감에서 일을 하게 될 가능성이 높다. 원가관리사는 프로젝트에 대한 범위, 시간 그리고 예상되는 입찰 조건 등을 바탕으로 합리적인 수준의 견적가와 일정을 자유롭게 도출할 수 있도록 해줘야 한다. 프로젝트의 후반부의 견적가가 초반부의 견적가보다 통상 훨씬 더 높게 책정되는 경향이 있다. 프로젝트의 계획, 조사, 설계 초기 단계 등 사업 초반부에는 프로젝트에 대해 별로 알려진 것이 없기 때문에 견적은 프로젝트 완료 시점의 실제 발생한 비용보다 더 낮게 책정될 수 있고, 이렇게 낮게 책정된 초기 견적치로 인해 민간사업 공공사업 할 것 없이 그 사업의 오너에게 재정적인 타격을 주게 되는 경우가 자주 발생한다.

보통 기존의 견적법은 확률적 개념이 아닌 확정적인 방법으로서 보통 하나의 숫자로 표시된다. RBE 방법이 많이 보편화되어 쓰이고 있는 미국에서는 예상치 못한 리스크 등에 대비하여 보통 비상 자금인 예비비를 확정적 숫자로 포함하여 견적가를 산출하지만 이러한 예비비가 종종 맞지 않는 경우가 발생해 예기치 못한 변화에 대처하는데 실패하곤 한다. 이런 변화들은 대부분 비용의 범위에 대해 정의가 부실하고, 서류화되지도 않고 배서도 안 된 일정과 견적, 견적 낙관주의 그리고 특히 리스크 요인 등이 실제 겹치면서 발생하게 되어 감당하지 못하는 수준에 이르게 되는 경우가 있다.

그림 18은 일반적인 비용 산정 절차로서, 즉 개념 설계 단계부터 시작하여 마지막 최종 견적에 이르기까지 프로젝트 수행을 위한 모든 단계에 적용할 수 있는 개념이다. 이러한 프로젝트의 수행 단계마다 생겨나는 구체적인 정보에 따라 입력 데이터, 방법, 기술, 도구들이 조금씩 차이가 날 수 있다. 또한 이러한 프로세스는 준비된 견적

의 수준에 따라 확장하거나 축소할 수도 있다. 우리가 주목할 부분은 그림 18 중 '**리스크 요인 결정 및 예비비 설정**' 활동이다.

이처럼 기존의 확정적 견적 방법이 갖는 아래와 같은 단점들이 있다.

- 실제로 존재하지 않는 확실성에 대한 기대감을 만들어낸다.
- 부정적 혹은 긍정적 방향으로 견적을 변경시킬 수 있는 리스크 사건을 고려하지 않는다.
- 리스크를 능동적으로 대처할 기회가 거의 없다.
- 프로젝트의 견적을 거의 통제할 수 없다.
- 사업 추진 단계에서 다양한 계획, 설계 변경에 따라 수동적으로 대응하게 되는데, 이럴 경우에 나온 대응책들은 초기 대응책보다 훨씬 비싼 경향이 있다.
- 적절한 프로젝트 예비비를 결정할 수 있는 탁월한 능력을 가진 현명한 원가관리사를 필요로 한다. 이와 같은 전문지식은 예술의 형태에 가까우며, 수 년간의 공사 견적을 통해 축적된 경험을 필요로 한다. 그러나 이런 경험을 가진 사람이 항상 견적에 관여하지는 않는다.

기존의 방법은 이를 확정적인 방법으로 하고 있지만 우리는 이 리스크 요인의 결정 및 예비비 설정 방법과 연관된 RBE 방법을 통해 더 합리적인 견적 계획을 세울 수 있는 방법에 대해 기술할 것이다.

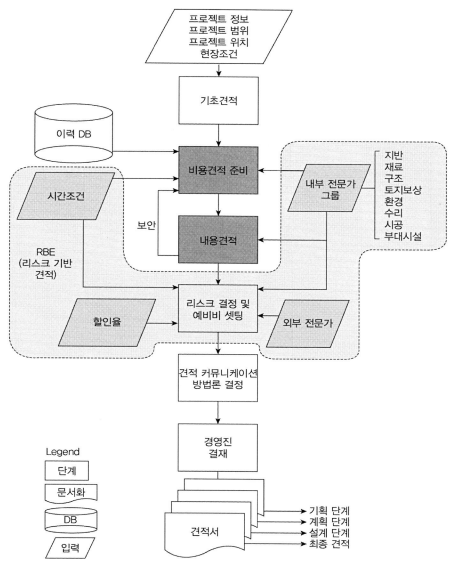

[그림 18]
일반적인
비용견적
프로세스

프로젝트 정보
프로젝트 범위
프로젝트 위치
현장조건

기초견적

이력 DB

비용견적 준비

시간조건

RBE
(리스크 기반
견적)

보안

내용견적

내부 전문가
그룹

지반
재료
구조
토지보상
환경
수리
시공
부대시설

리스크 결정 및
예비비 셋팅

할인율

외부 전문가

견적 커뮤니케이션
방법론 결정

경영진
결재

Legend

단계

문서화

DB

입력

견적서

기획 단계
계획 단계
설계 단계
최종 견적

3.2.2 RBE의 정의 및 장점

　RBE는 기초 견적에 위협 및 기회의 리스크를 실제로 분석하여 고려하는 방법이다. 사업비를 줄이는 것을 기회요인, 사업비를 늘리는 것을 위협요인이라고 한다.

RBE는 단순히 비용 리스크만을 고려하는 것이 아니라 일정 리스크를 포함해 시간의 효과를 함께 고려하는 것이 중요하다. 이 경우, 비용 리스크 분석과 일정 리스크 그리고 물가 상승률과 함께 결합된 형태로 분석되어야 한다. 비용 및 일정 리스크를 통합하면 더 풍부한 데이터 세트를 생성해낼 수 있고, 프로젝트 리스크를 효과적으로 설명할 수 있다.

이와는 대조적으로 RBE의 개발은 팀 모두의 노력과 연관이 있는 구조적 방법(structured approach)을 기초로 한다. 사업 관리자가 모든 리스크를 알지 못하더라도 팀으로서 리스크를 발굴하고 정량화해나가면 정밀도를 향상시킬 수 있다.

RBE의 개발을 효과적으로 하기 위해서는 리스크 추출과 리스크 분석에 대한 훈련 그리고 특히 리스크 워크숍 개념도 이행하여야 한다. 따라서 RBE를 개발하기 위해서는 확정적 견적방법보다 훨씬 많은 자원이 필요하다. 복잡한 작업, 노력과 교육이 필요하지만, 이 방법은 한번 익혀만 놓으면 재생이 가능하기 때문에 궁극적으로, 전통적 방법보다 더 신뢰할 만하다. RBE의 장점은 다음과 같다.

- 리스크 사건의 확인과 정량화를 통해 프로젝트를 진행하는 동안 겪게 될 지도 모르는 뜻밖의 불의의 사고를 최소화시켜준다.
- 엄밀하고 통계적인 방법을 사용해서 '만약 ~라면' 시나리오를 연구할 기회를 만들어주며 실제 그러한 사건이 발생하였을 때 대응책을 마련해준다.
- 프로젝트 리스크 관리를 통해 프로젝트 견적에 대한 적절한 통제를 할 수 있다.
- 프로젝트 팀원, 이해관계자, 일반인 사이에서의 프로젝트 커뮤니케이션과 정보의 이동을 향상시키기 위한 협력 작업이다.
- 현실적인 예비비 계획(리스크 충당)이 가능해지는데, 프로젝트에 영향을 줄 수 있는 긍정적이고 부정적인 사건들을 모두 고려하기 때문이다.

요약하면, RBE는 프로젝트 관리자에게 프로젝트의 결과에 대한 더 예리하고 현실적인 중장기 통찰력을 제공할 수 있다. 프로젝트 관리자는 그들이 하는 노력의 우선순위를 보다 쉽게 정할 수 있도록 돕는다. 자원을 보다 효과적으로 사용할 수 있도록 집중하고, 비용, 일정, 리스크 인자를 다루는 데 필요한 결단력 있는 행동을 취할 수 있도록 도와준다.

RBE는 강도 높은 노력을 요구하지만 사업비 규모가 클수록 그 가치가 더욱 높아지며, 앞의 단원에서 제시되는 단순한 예비비 책정 수준을 넘어 최종 분석 수준을 크게 능가하는 훌륭한 결과물을 만들어낸다.

RBE가 상당한 투자가 필요할 수 있기 때문에, 경비 지출의 타당성을 좀 복잡하게 표현하려는 경향이 있다. 우리는 이런 경향을 전문적 복잡성(professional sophistication)이라고 부른다. 전문적 복잡성이 나타나는 유력한 원인을 몇 가지 나열하자면 RBE가 너무 많은 활동, 너무 많은 변수, 그다지 중요하지도 않은 사소한 리스크 사건까지 포함할 때이다. 전문적 복잡성은 비용과 일정의 리스크 분석에 해로우며, 오류의 중대한 원인이 된다. 그림 19에서 보는 바와 같이 수많은 리스크 중에서도 중요한 리스크를 선별 실질적인 리스크 관리가 더 필요하다. RBE 과정에서는 KISS 원칙(간단하면서도 똑똑하게 : Keep It Simple, Smarty)이 필요하다.

[그림 19]
**중요한 리스크
인자에 대한
리스크 관리의
필요성**
출처 : 임종권·
이민재 저,
『리스크 관리』,
구미서관,
2014

리스크평가 및 분석   리스크 대응   리스크평가 및 분석   리스크 대응

3.2.3 RBE 견적 절차

이 프로세스는 기존의 견적서, 때로는 엔지니어 견적서(Engineer's Estimate; 이하 EE라고 함)라고 불리는 견적서를 검토하면서 시작한다. EE는 작업의 이익을 위해 처음으로 개발되었거나, 또는 아마도 사전에 준비되어 프로젝트에 영향을 미치는 모든 비용 관련 기본 요소들을 포함해야 한다. EE는 명백함과 상관없이 어떤 방법으로든 예비비를 포함하고 있다.

가장 먼저 원가관리사의 검토를 통하여 EE가 타당함이 검증되어야 한다. 그 다음으로 견적에 포함된 데이터의 질(質)을 바탕으로, 기초비용(Base Cost) 및 일정(Base Schedule)을 다루는 팀은 기저값의 변동성에 대한 합리적 범위를 추천할 것이다.

기초비용 및 일정이 정리되고 기초 변동성이 성립되면, 그 다음 작업이 본격적인 중요한 리스크 사건들을 다루기 시작한다. 이 중대한 리스크 사건들은 기초 변동성으로 인한 한계를 뛰어넘어, 프로젝트의 비용과 기간을 크게 변동시킬 수도 있다. 이런 작업을 리스크 추출(Risk Elicitation)이라고 하고 경험 많은 리스크 추출가(risk elicitor)의 도움을 받아야 한다.

기초비용 및 일정을 확인하고 리스크 인자를 정량화하고 나면, 수천 가지의 가능한 사례를 돌려보기 위한 가능한 결과값에 대한 확률 모델을 기반으로 결과값을 예측해본다. 이를 위해 그림 20에서 보는 바와 같은 몬테카를로 시뮬레이션(Monte Carlo Simulation) 방법을 사용한다.

생성된 값은 도수분포도, 표, 누적분포함수, 토네이도다이어그램(tornado diagrams)을 만들기 위한 데이터로서 역할을 할 것인데, 이 토네이도다이어그램은 확인된 리스크의 누적효과를 전달하고, 프로젝트와 주변 환경을 더 잘 이해하도록 해서 의사 결정을 돕는다. 이러한 몬테카를로 시뮬레이션 프로그램은 리스크 분석 프로그램에

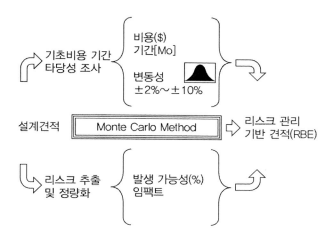

[그림 20]
몬테카를로
방법에 의한
리스크 기반
견적 절차

기초비용 기간
타당성 조사

비용($)
기간[Mo]

변동성
±2%~±10%

설계견적

Monte Carlo Method

리스크 관리
기반 견적(RBE)

리스크 추출
및 정량화

발생 가능성(%)
임팩트

대부분 탑재되어 개발되어 있어 독자들은 프로그램을 사용하면 되나 그 원리나 개념은 좀 더 이해할 필요가 있다.

1) 기초비용과 일정 검토 및 기초 변동성 책정

기초비용 및 일정에 대한 견적의 검토와 변동성은 비용 리더(cost lead)가 수행한다. 보통 이 역할은 프로젝트에서 경험 많은 원가관리사가 맡는다. 이런 업무를 수행하는 프로세스에서 비용 리더의 목표는 중립적인 조건을 가정하고 견적을 만드는 것이다. 이렇게 설정된 기초비용 및 일정은 프로젝트 견적의 준거값이 되기 때문에 여기에서 큰 오류가 발생하면 프로젝트의 전체 견적에 있어서 직접적인 오류를 야기할 수 있기 때문에 신중을 기해야 한다. 이 프로세스는 그 순간에 존재하는 프로젝트에 대한 지식 수준에 반드시 맞아야 한다. 기초비용 및 일정 검토 프로세스에는 다음과 같은 중요한 단계가 있다.

- 견적 기준(프로젝트의 가정사항)을 검토하고 옳은지 타당성을 검토한다.
- 프로젝트 비용과 일정을 검토한다.
- 숨겨졌거나 혹은 명백하게 보이는 예비비는 제거한다.

- 기타 물품을 위한 '알려지지 않은 비용'을 찾아낸다.
- 기초견적의 변동성을 책정한다.

2) 기초 변동성

프로젝트의 기초비용 및 변동성은 기본적으로 지적(지식의 부족) 불확실성과 무작위 불확실성 등 두 종류의 중요한 불확실성으로부터 비롯된다.

이 중 지적 불확실성은 프로젝트에 대한 전문지식이 부족하기 때문에 발생한다. 프로젝트에 대한 정보를 획득하여 전문지식을 높이거나 분야별 전문가와 상담하는 활동으로 그 불확실성을 최대한 줄일 필요가 있다.

기초비용 및 일정에 대한 변동성은 설계 완성도가 높아지고 프로젝트에 대한 더 많은 데이터가 확보되면 감소하게 된다.

지적 불확실성으로써의 변동성은 리스크 사건과 상관없이 발생되는 것으로서 그림 21에서 보는 바와 같이 좌우 대칭적 분포를 갖는다는 점을 인지하여야 한다. 전문지식이 부족하게 되면 견적값의 추정치를 증가시키거나 감소시키는 두 가지 방향 중 어느 하나로 진행될 수 있다.

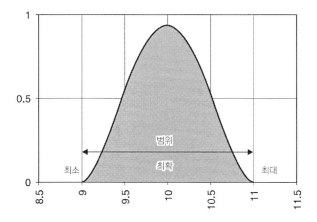

[그림 21]
기초 변동성의 개념

기초비용 및 일정의 견적에 있어서 불확실성의 두 번째 구성요소는 랜덤한 특성을 가지며, 사업 고시를 진행할 때의 통제 불가능한 변화에 의해 일어난다.

기초값이나 기초 구성요소에 정해진 범위를 비대칭(-10%, +20%)으로 책정한 것이 관찰되었다. 우선 기초 변동성을 특별한 이유가 없이 비대칭 분포로 설정하는 것이 리스크 분석 프로세스에 미칠 해로운 면을 분명히 집고 넘어갈까 한다.

우리 저자들의 경험과 조사 그리고 문헌 등을 바탕으로 기초 변동성에 할당된 범위는 예외 없이 대칭 분포여야 한다. 몇몇 전문가들은 기초 변동성의 비대칭 분포가 필수적이라 하는 경우가 있는데, 비대칭 분포가 분야별 전문가들의 생각을 잘 표현하고 있다고 믿기 때문이다. 전문가들이, "설계자들과 도급자들은 특정 활동 비용이 100억 원에서 300억 원까지 변동할 수 있고, 120억 원 정도가 가장 좋다고 말한다. 우리는 그들의 말을 들어야 하고 그들이 발생할 거라고 생각하는 것이 어떻든 그런 모델을 설정한다."라고 말하는 것을 듣곤 한다. 이것은 겉보기에는 적절한 언급처럼 보인다. 그렇지만 정말 적절한가? 이와 같은 논리상의 오류는 일반적인 분야별 전문가들이 RBE 개념을 잘 모르고 추정한 비용에 은연중 리스크 인자들을 내포하여 말하고 있다는 사실에 주목해야 한다.

비용 기반 견적은 상대적으로 새로운 견적법이고 대부분의 분야별 전문가들의 경험은 기초비용과 리스크 인자를 구분하지 못하고 합쳐서 생각하는 경향이 있음을 주지하여 리스크 리더는 이런 점을 반드시 바로 잡고 나가야 한다.

3.2.4 사건으로서의 리스크 고려

리스크에 대한 많은 정의가 있지만 가장 간단명료하게 ISO-31000 '리스크 관리 - 원리와 지침사항' 표준지침서에는 리스크에 대해 "불확실성이 목표에 미치는 영향"으로 정의되어 있다. 단지 네 개의 단어이지만 꽤 강력하다. 즉, 리스크 인자는 프로젝트 비용 혹은 일정을 변화시킬 수 있는 모든 사건이다.

이러한 리스크 사건은 발생할 수도 있고 발생하지 않을 수도 있다. 그래서 리스크의 그 첫 번째 측정은 사건의 발생 확률에 의해 주어진다. 또한 하나의 사건은 다른 규모를 가지고 있다. 그래서 리스크의 그 두 번째 측정은 사건이 프로젝트에 미치는 영향이 된다. 고유 용어로, 프로젝트에 미치는 영향을 리스크 임팩트(impact)라고 한다.

만약 사건의 영향이 프로젝트에 이익이 된다면(비용을 감소시키거나 혹은 진행일정을 줄여줄 경우), 그 사건은 하나의 기회요소가 된다. 사건이 프로젝트에 불이익이 된다면(비용을 증가시키거나 프로젝트의 일정을 지연시킬 경우), 그 사건은 위협요소가 된다. 그런 이유로 하나의 리스크 인자는 위협요소 또는 기회요소가 되고, 어떤 경우에는 비용에 있어서는 위협요소가 되고 일정에 있어서는 기회요소가 되거나 혹은 그 반대의 가능성을 유발할 수 있다.

사람들이 리스크와 기회에 대해서 이야기하면서, 리스크 인자를 오직 위협요소만으로 연관 짓게 되면 리스크팀 내부에는 약간의 혼란이 발생한다. 리스크는 긍정적인 것과 부정적인 것 모두에 사용되는 용어임을 주의하여야 한다.

1) 리스크 설명

리스크는 완벽하게 설명되어야 하는 사건이고, 일단 설명되고 나면, 누구든지 이것이 무엇을 의미하는지 이해할 수 있어야 한다. 보통 리스크 분석 보고서 등을 보면 리스크 인자의 정의가 형편없고, 이 리스크 인자를 정의하는 데 직접 관여한 사람들조차 며칠 후면 무슨 일을 했는지 기억하지도 못하는 경우가 비일비재하다. 분석할 가치가 있는 모든 개별적인 리스크 인자를 이해하고, 정량화하며 문서화하는 데 아낌없는 시간 투자가 필요하다. 이를 위해 리스크 설명에는 다음과 같은 'SMART' 원리를 통해 설명하는 것이 중요하다.

리스크의 설명 – SMART 원리

Specific : 사건은 프로젝트에 대해 구체적이야 한다.
Measureable : 리스크에 대한 묘사를 통해 리스크의 측정이 가능해야 하며 그 특성(발생 확률과 임팩트)을 측정하는 데 도움을 주어야 한다. 리스크 확인 과정에서 내렸던 가정사항을 유념해야 한다. 그 구체적인 값에 확률이 주어지는 이유가 무엇인가? 저(低)·고(高)·최확치값을 정할 때 했던 가정사항은 무엇인가? 그 계산 근거를 남겨 놓아야 한다.
Attributable : 어떤 리스크는 그 원인이 있어야 한다. 그 리스크의 발생 원인이 무엇인가? 우리는 이러한 특성을 리스크 촉발 원인(risk trigger)이라 부른다. 리스크 촉발 원인은 리스크 관리, 리스크 모니터링, 리스크 통제를 위한 다음 단계를 위한 필수 정보가 된다.
Relevant : 리스크는 프로젝트 비용이나 일정에 있어 중대한 차이를 만들어내야 한다. 그다지 중요하지 않는 리스크에 시간을 허비하지 말아야 한다. 모든 리스크 인자를 검토하고 정량적 분석을 위해 사업비나 사업일정에 뚜렷한 변화를 일으킬 리스크를 선택하라. 관련 리스크란 다룰 만한 가치가 있는 리스크이다.
Timebound : 리스크는 시간에 있어 시작과 끝이 있어야 하며 사업 관리자로 하여금 리스크를 배제시킬 결정을 할 수 있도록 설명되어야 한다. 동시에 리스크 설명은 사업 관리자가 경계태세를 더욱 강화할 수 있는 정보를 제공해야 한다.
리스크 추출을 잘 하게 되면 여러 전문가의 신경을 거슬리게 할지는 몰라도, 전반적 노력에 대한 질을 개선시킬 수 있는 필수 정보를 가져다준다.

리스크의 내용을 살펴보면 결론적으로 리스크 인자가 발생할 확률과 리스크 발생이 주는 영향 등 두 가지 특성을 구체적으로 표현하도록 하고 있다. 리스크의 발생 확률을 정의하는 것은 리스크 기반 견적의 프로세스에 있어서 가장 빈약한 부분으로, 분야별 전문가의 전문성과 경험에 상당히 의존하게 된다.

2) 리스크의 발생 확률

리스크 사건에 발생 확률을 할당하는 프로세스에 도움을 주고자 저자는 다음과 같은 척도를 사용하도록 권장한다.

- 매우 저(低)＝5%

- 저(低)＝25%
- 중간＝50%
- 고(高)＝75%
- 매우 고(高)＝95%

이 척도는 단지 하나의 지침일 뿐이다. 리스크 인자를 추출하는 프로세스에서, 20%(1/5), 33%(1/3), 67%(2/3) 등 어떤 값이든 사용할 수 있다. 0%의 값은 허용이 안 되는데 그 이유는 이럴 경우 리스크 인자는 결코 발생하지 않을 것이기 때문이다. 100%의 값 또한 피해야 하는데 이런 경우는 무조건 발생하는 것이므로 리스크가 아니고 기초비용이나 기초일정에 포함시켜야 한다.

분야별 전문가가 리스크 인자의 발생 확률에 대해 구체화시켜 나가는 과정은 매우 의미 있는 일이 된다. 만약 전혀 감을 잡을 수 없는 사건에 대해서는 개략적으로 50% 정도 발생 확률을 할당하는 것이 적절하다. 리스크 발생 확률을 결정하기 위해 사용된 어떤 가정사항이든 모두 문서화되어야 한다.

다른 한편으로는, 리스크 인자가 발생할 확률을 1% 단위로 추출하는 것은 바람직하지 않다. 예를 들어, 어떤 리스크가 발생 확률이 17%라고 추출하게 되면, 이것에 대한 정확성이 어디에서부터 나왔는지 그 근거가 무엇인지 의문을 가지게 될 것이기 때문이다. 그 정확성은 신뢰할 수 없고 결과적으로 전반적 리스크 분석 프로세스의 신뢰도도 크게 잃어버리게 될 수 있다. 특히 확정적 방법에 익숙해 있는 대부분의 기술자 및 경영자들을 잘 이해시키지 못할 것이다.

거짓 정밀도와 관련해 저자는 합리적이라는 것이 무엇을 의미하는지 세상에 증명한 한 사람의 말을 인용하고자 한다.

> "나는 정확하게 틀리기보다는 대략적으로라도 맞는 게 낫다."
>
> – 워렌 버핏

주제에서 약간 벗어난 이야기지만, 이러한 워렌 버핏의 말은 우리가 그에게 리스크에 대해 물어보지도 않았지만 우리를 위해 리스크를 대신 설명하고 있다. 우리는 마이너한 리스크 인자를 다루고 있다고 생각하지만 사실 미래에는 무슨 일이 발생할지 결코 알지 못한다.

요약하자면, 리스크 발생 확률을 정하는 과정은 여건이 허락하는 한 정확하고 신중해야 하지만 완벽하기를 기다리는 것은 어리석다. 리스크 기반 견적은 현재 더 바람직하도록 발전시켜나가는 데 초점을 맞추는 것이지 정확성을 추구하는 일이 아니다.

3) 리스크 임팩트

리스크 임팩트는 범위와 형태로 표현되는 하나의 분포로 정해진다. 주로 사용되는 분포 형태는 퍼트 분포, 삼각형 분포, 균등 분포 등이다. 퍼트 분포는 RBE 프로세스를 모델화시키는 데 유효한 분포이며, 삼각형 분포는 퍼트 분포와 비슷한 특성을 가지며 삼각형 분포가 더 직관력이 있다. 균등 분포는 분포를 설정할 만큼 '실마리가 없는' 분포로도 불린다. 이 중 보통 삼각형 분포와 퍼트 분포가 대부분의 비용 및 일정과 관련된 리스크를 표현하는 데 무난하다.

리스크의 범위는 두 개의 숫자로 제시되는데 저(低)와 고(高)이며, 리스크 분포의 형태는 저(低) 또는 고(高)와 상대적으로 최확의 위치에 의해 정해진다. 다음 그림 22는 퍼트 분포에 의해 임팩트의 범위와 형태를 모델링한 것이다.

퍼트 분포는 상당한 유연성을 가지고 있기 때문에 RBE를 위한 리스크 사건의 대부분을 모델화하기에 적합하다. 퍼트 분포는 RBE 프로세스에 사용된 대부분의 리스크 분포 형태를 수용한다. 다음 장에 제공되는 정보는 세 개의 점으로 정의된 모든 연속 분포에 잘 적용될 수 있다. 퍼트 분포는 꼬리 부분을 조정하는 데 좀 더 유연성을 갖는다. 그렇지만 삼각형 분포는 조금 더 직관적이다. 어떤 종류의 분포를 사용할 것인지는 리스크 추출가의 선택에 달려 있다.

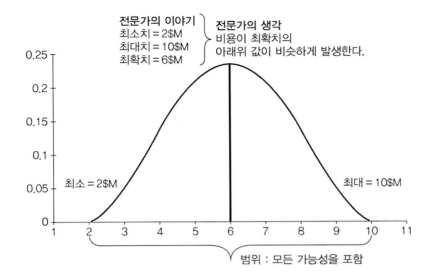

[그림 22]
퍼트분포의
임팩트의
설정(예)

3.2.5 RBE와 몬테카를로 방법

RBE 프로세스에 대한 개념은 그림 23에 제시되어 있다. 이제까지 어떻게 기초비용 및 일정을 확인하는지, 어떻게 리스크 인자를 확인하고 몬테카를로 방법(MCM)을 사용하기 위해 정량화하는지에 대한 내용이 설명되었다.

다음 그림 23은 기저와 리스크에 대해 수집된 정보가 어떻게 처리되는지를 보여준다. 이 장의 초반에 우리는 통합된 비용과 일정의 리스크 분석은 프로젝트의 도전과제를 이해하는 데 가장 많은 이익을 제공한다고 결론지었다.

비용과 일정의 통합은 보편적으로 수용된 개념인 프로젝트의 3요소 - 범위, 일정, 비용 - 를 통해 본 적이 있을 것이며, 그 3요소는 다음 질문들에 대한 답을 제공한다.

• 프로젝트가 무엇인가? - 범위

• 프로젝트를 완공하는 데 얼마나 걸릴 것인가 - 일정

• 얼마 만큼의 비용이 들 것인가? - 비용

3요소는 프로젝트의 비용과 일정 견적에 필수적이고 상호 의존적이다. 다시 말해서, 한 가지 구성요소, 예를 들어 일정이 변한다면 비용에 영향을 미칠 것이다.

[그림 23]
비용, 공정
리스크를
고려하는 방법

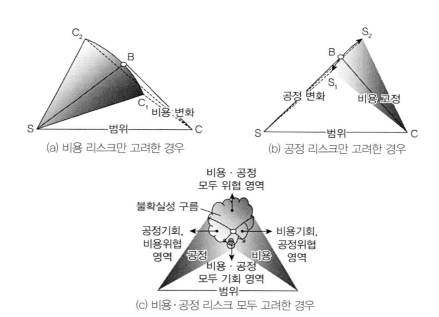

(a) 비용 리스크만 고려한 경우

(b) 공정 리스크만 고려한 경우

(c) 비용·공정 리스크 모두 고려한 경우

프로젝트가 정해진 날짜에 반드시 진행되어야 하면 이럴 경우 유일한 방법은 프로젝트의 비용만 변경할 수 있다. 이 시나리오는 비용만 고려한 리스크 분석의 전형적인 상황을 보여준다. 프로젝트의 완공 날짜를 지연시킬 수 있는 어떤 사건이라도 비용을 통해서만 해결되어야 한다(그림 23(a)), 또는 사업비는 고정한 상황에서 공기만 조정하여 사업을 관리할 필요도 있을 수 있다(그림 23(b). 비용, 공정 모두가 변할 수 있다면 불확실성의 구름은 더 짙어져 갈 것이다(그림 23(c)).

결과적으로 그림 23(c)처럼 범위, 비용, 공기의 3대 불확실성 요소 등으로 인하여 불확실성 구름은 4개의 분리된 영역을 갖게 된다.

- 프로젝트가 계획한 것보다 더 빨리 진행되거나 예산보다 적은 비용으로 진행될 비용과 일정 모두에 있어 기회가 된다.
- 프로젝트가 지연되거나 비용초과를 겪게 되는 비용과 일정 모두 위협이 된다.
- 프로젝트 비용이 적게 들지만 공사는 더 오래 걸리는 비용에 대해서는 기회 그리고 일정에 대해서는 위협이 된다.
- 프로젝트가 더 일찍 진행되지만 비용은 확정적 견적보다 더 많이 드는 일정에 대해서는 기회 그리고 비용에 대해서는 위협이 된다.

3.2.6 RBE 시뮬레이션 프로그램 및 가이드

본 서적의 RBE에 대한 설명은 개념적인 부분만 다루었다. 상세한 모델링 및 기법 등 자세한 사항은 미국 Ovidiu Cretu 박사의 프로젝트 설계 및 시공 리스크 관리(Risk Management for Design and Construction)가 번역 출간되어 있어 이 책을 참고하면 된다.

참고문헌

1. 김인호, 「미래지향적 안목의 건설계획과 의사결정」, 대한건설협회 일간신문사, 1995.
2. 안상묵, 『글로벌 프로젝트 리스크 매니지먼트』, 지식과감성, 2018.
3. 유의성 외 3, 'Development of a Computerized Risk Management System for International NPP EPC Projects', KSCE Journal of Civil Engineering, 2016.
4. 이민재 외, 『건설관리학』, 사이텍미디어, 2006.
5. Bureau of Engineering Research, 'Management of Project Risks and Uncertainty', Th University of Colorado, Oct. 1989.
6. Bureau of Engineering Research, 'Management of Project Risks and Uncertainty', The University of Colorado, Oct. 1989.
7. Chapman and Ward, 'Project Risk Management Processes, Techniques and Insights', Wiley, 1998.
8. Chapman and Ward, 'Project Risk Management Processes, Techniques and Insights', Wiley, 1998.
9. He Zhi, 'Risk management for overseas construction projects', International journal of project management Vol.13, No.4, 1995, pp.231~237.
10. N.J. Smith, 'Managing Risk in Construction Project', Blackwell Science, 1998.
11. N.J. Smith, 'Managing Risk in Construction Project', Blackwell Science, 1998.
12. Ovidiu Cretu, Robert Stewart, Terry Berends 『리스크 관리(건설프로젝트의 설계 및 시공)』, 임종권, 이민재 역저, 구미서관, 2014.
13. PMI, 'A Guide to Managing Project Risks and Opportunities', 1992.
14. PMI, 'Project Risk Management', PMBOK 2000 Edition, 2000.
15. PMI, 'Project Risk Management', PMBOK 2000 Edition, 2000.
16. PMI, 'Project Risk Management', PMBOK 2000 Edition, 2000.
17. Spence J. 'Modern Risk Management Concepts, BEFA Conference Proceedings', 1980.

저자 약력

김 옥 규

충북대학교 건축공학과 교수
미국 Stanford University 객원교수
서울대학교 건축학과 공학석·박사학위 취득
서울대학교 건축학과 학사학위 취득

박 형 근

충북대학교 토목공학부 교수
미국 The University of Wisconsin at Madison, 공학석·박사학위 취득
연세대학교 토목공학과 학사학위 취득

장 경 순

조달청 차장
미국 University of Colorado at Boulder, 공학석·박사학위 취득
서울대학교 공과대학 학사학위 취득

조 영 준

중부대학교 건축토목공학부 교수
Dept. of Managemnet, University of North Texas, Denton, Visit Professor
한국건설기술연구원 선임연구원
중앙건설컨설팅(주) 연구위원
한국건설정보시스템(주) 연구위원
성창특허법률사무소 건설신기술-클레임연구소 연구위원
서울시립대학교 대학원 건설사업관리(CM)전공 박사
서울대학교 대학원 건설사업관리(CM)전공 석사
서울대학교 건축학과 학사

이민재

충남대학교 토목공학과 교수
위스콘신대학교 건설관리전공 석·박사
한국건설관리학회 계약관리, VE위원회
대학토목학회 시공관리위원회

임종권

승화기술정책연구소 사장
충남대학교, 고려대학교 겸임교수
아이엠기술단 대표이사 역임
한양대학교 토목공학과 학·석·박사

안상목

글로벌프로젝트솔루션 대표
인하대학교 겸임교수
인하대학교 토목공학과 박사
서강대학교 경영전문대학원 석사
인하대학교 전기공학과 학사

건설관리학 총서 집필진 명단

교재개발공동위원장   김 옥 규   충북대학교 건축공학과 교수
교재개발공동위원장   김 우 영   한국건설산업연구원 기술정책연구실
교재개발총괄간사   강 상 혁   인천대학교 건설환경공학부 교수

건설관리학 총서 1권 _ 계약 / 클레임 / 리스크 관리

Part I 계약 관리   김 옥 규   충북대학교 건축공학과 교수
    박 형 근   충북대학교 토목공학부 교수
    장 경 순   조달청 차장
Part II 클레임 관리   조 영 준   중부대학교 건축토목공학부 교수
Part III 리스크 관리   이 민 재   충남대학교 토목공학과 교수
    임 종 권   충남대학교 겸임교수, 승화기술정책연구소 사장
    안 상 목   인하대학교 겸임교수, 글로벌프로젝트솔루션 대표

건설관리학 총서 2권 _ 설계 / 정보 관리 & 가치공학 및 LCC

Part I 설계 관리   김 홍 용   삼우씨엠 지원사업부장
Part II 정보 관리   진 상 윤   성균관대학교 건설환경공학부/미래도시융합공학과 교수
    김 옥 규   충북대학교 건축공학과 교수
    정 운 성   충북대학교 건축공학과 교수
    김 태 완   인천대학교 도시건축학부 교수
    최 철 호   두올테크 창립자, 대표이사 의장
Part III 가치공학   김 병 수   경북대학교 토목공학과 교수
    현 창 택   서울시립대학교 건축공학과 교수
    전 재 열   단국대학교 건축공학과 교수
Part IV LCC   김 용 수   중앙대학교 건축공학과 교수

건설관리학 총서 3권 _ 공정 / 생산성 / 사업비 관리 & 경제성 분석

Part I 공정 관리   최 재 현   한국기술교육대학교 건축공학부 교수
    강 상 혁   인천대학교 건설환경공학부 교수
    신 호 철   (주)한국씨엠씨
Part II 생산성 관리   손 창 백   세명대학교 건축공학과 교수
Part III 사업비 관리   박 희 성   한밭대학교 건설환경공학과 교수
    이 동 훈   한밭대학교 건축공학과 교수
Part IV 경제성 분석   정 근 채   충북대학교 토목공학부 교수

건설관리학 총서 4권 _ 품질 / 안전 / 환경 관리

Part I 품질 관리   한 민 철   청주대학교 건축공학과 교수
    김   종   (주)선엔지니어링종합건축사사무소 건설기술연구소 이사
Part II 안전 관리   황 성 주   이화여자대학교 건축도시시스템공학과 교수
    이 준 성   이화여자대학교 건축도시시스템공학과 교수
    손 정 욱   이화여자대학교 건축도시시스템공학과 교수
Part III 환경 관리   전 진 구   서경대학교 토목건축공학과 교수

건설관리학 총서 1

계약 / 클레임 / 리스크 관리

초 판 발 행 2019년 2월 25일
초 판 2 쇄 2019년 9월 2일

저   자 김옥규, 박형근, 장경순, 조영준, 이민재, 임종권, 안상목
펴 낸 이 김성배
펴 낸 곳 도서출판 씨아이알

책 임 편 집 박영지
디 자 인 송성용, 윤미경
제 작 책 임 김문갑

등 록 번 호 제2-3285호
등 록 일 2001년 3월 19일
주   소 (04626) 서울특별시 중구 필동로8길 43(예장동 1-151)
전 화 번 호 02-2275-8603(대표)
팩 스 번 호 02-2265-9394
홈 페 이 지 www.circom.co.kr

I S B N 979-11-5610-708-8 94540
979-11-5610-707-1 (세트)
정   가 13,000원